电网输变电工程
大数据三维数字沙盘
构建及应用

国网冀北电力有限公司经济技术研究院　组　编
国网冀北电力有限公司工程管理分公司

石振江　主　编

孙海军　贾聪斌　周　毅　阎　平　孔维莉　李志斌　副主编

中国电力出版社
CHINA ELECTRIC POWER PRESS

内 容 提 要

本书聚焦"六精四化"理念，系统阐述了大数据三维数字沙盘在电网输变电工程全生命周期管理中的创新应用。这一技术体系以信息化、数字化、智能化为纽带，通过"四体两翼"架构，深度融合海拉瓦技术、数据融合技术、数字孪生技术等前沿手段，构建起覆盖设计交底、施工策划、风险管理、进度管控等全场景的三维可视化管理平台，为电网工程管理提供全新的技术路径与实践范式。

图书在版编目（CIP）数据

电网输变电工程大数据三维数字沙盘构建及应用 /
国网冀北电力有限公司经济技术研究院，国网冀北电力有
限公司工程管理分公司组编；石振江主编. -- 北京 ：
中国电力出版社, 2025. 7. -- ISBN 978-7-5239-0006-2

Ⅰ. TM7；TM63

中国国家版本馆 CIP 数据核字第 20259J523W 号

出版发行：中国电力出版社
地　　址：北京市东城区北京站西街 19 号（邮政编码 100005）
网　　址：http://www.cepp.sgcc.com.cn
责任编辑：罗　艳（010-63412315）　高　芬
责任校对：黄　蓓　郝军燕
装帧设计：张俊霞
责任印制：石　雷

印　　刷：三河市万龙印装有限公司
版　　次：2025 年 7 月第一版
印　　次：2025 年 7 月北京第一次印刷
开　　本：710 毫米×1000 毫米　16 开本
印　　张：11.75
字　　数：173 千字
印　　数：0001—1000 册
定　　价：80.00 元

编写组成员名单

组织单位

国网冀北电力有限公司经济技术研究院

国网冀北电力有限公司工程管理分公司

成员单位

北京送变电有限公司

北京洛斯达科技发展有限公司

主　　编	石振江			
副　主　编	孙海军	贾聪斌	周　毅	阎　平
	孔维莉	李志斌		
编写组成员	高　杨	张立斌	罗　玮	罗　毅
	刘　扬	郑晓斌	吴　炜	马冰洋
	杜燕雄	赵旷怡	仝冰冰	郭　嘉
	苏东禹	赵炜炜	王　政	杨孝森
	宋柏森	刘洪雨	付玉红	陈　蕾
	张金伟	李栋梁	胡　博	王　刚
	刘永涛	周高伟	刘柏良	杨　箫
	李铭通	孙中义	张　桐	李嘉彬
	王子桐	贾泽晗	孙　密	许　颖
	李晗宇	徐　毅	肖　凯	段小木

前　言

电网输变电工程作为国家能源战略的重要基础设施，其建设质量与效率直接关系到电力系统的安全稳定运行与能源结构的优化升级。随着"双碳"目标的推进和新型电力系统建设的深化，传统电网工程管理模式面临前所未有的挑战：建设规模扩大、施工环境复杂化、安全风险多元化、质量管控精细化、资源统筹高效化等，如何以技术创新驱动行业转型，成为当前电网建设者亟须破解的课题。

本书聚焦"六精四化"理念，系统阐述大数据三维数字沙盘在电网输变电工程全生命周期管理中的创新应用。这一技术体系以信息化、数字化、智能化为纽带，通过"四体两翼"架构，深度融合海拉瓦技术、数据融合技术、数字孪生技术等前沿技术手段，构建起覆盖设计交底、施工策划、风险管理、进度管控等全场景的三维可视化管理平台，为电网工程管理提供全新的技术路径与实践范式。

全书内容凝练了国网冀北电力有限公司及相关单位在输电线路、变电站工程中的实践经验。例如，通过高精度航摄数据与电网信息模型（GIM）三维建模技术，实现了施工场景的真实还原；依托风险可视化管理与施工组织智能推演功能，显著提升了复杂工况下的安全管控水平。这些成果不仅验证了三维数字沙盘在缩短工期、降本增效、规避风险等方面的核心价值，更彰显了"机械化换人、智能化提效"对行业转型升级的深刻影响。

本书的编写立足于电力工程建设一线的实际需求，既注重理论体系的系统性与前瞻性，又强调技术落地的可操作性与实效性。通过典型案例解析、关键技术分解、实施流程梳理，为读者呈现了一幅从传统施工向数字智能电网建设跃迁的全景图谱。无论是从事电网设计、施工、运维的专业技术人员，还是致力于电力工程管理创新的研究者，均能从中获取有益参考。

当前，电网建设正加速迈入"数字孪生＋智能决策"的新阶段。期待本书的出版，能够为行业同仁提供一份兼具深度与广度的技术指南，助力我国电网工程在高质量发展中行稳致远，为能源强国战略贡献智慧力量。

限于编者水平，不妥之处在所难免，敬请读者批评指正。

编　者

2025 年 4 月

目　　录

1 概　　述

1.1 "六精四化"理念背景与实施要求

为实现我国能源清洁转型、能源电力可持续发展，我国电力系统新型智能化建设面临着严峻挑战。国家电网有限公司（简称国家电网公司）作为我国能源输送通道和优化配置的重要平台，是能源电力可持续发展的关键环节，在现代能源供应体系中发挥着重要的枢纽作用。然而，从国家电网公司内部形势看，实现电力系统新型智能化建设存在以下挑战：

第一，建设前期任务艰巨。按照国家要求，实现电力系统智能化跨省区工程建设需要并行推进、集中核准，仅单项电力系统建设工程核准就需要办理上千份协议和支撑性文件，纵向上涉及省市县乡四级政府和国家有关部委，横向上涉及自然资源、生态环保等十几个部门，各方面要求高，前期工作流程长、环节多、难度大。

第二，电力工程建设任务艰巨。电力系统新型智能化建设规模进一步增大，特高压输电线路工程、智能变电站工程建设迎来"双高峰"，有效施工工期短，完成建设任务压力大，资源统筹安排、施工有序推进都面临严峻考验。

第三，物资保障任务艰巨。各个电力系统新型智能化建设重点工程项目集中进行，物资需求量大且集中，供应安全质量保障和响应速度要求高，物资供应保障任务重、压力大。

第四，安全管控压力更大。随着电力系统新型智能化建设规模扩张，作业面和风险点不断攀升，有限的建设资源势必进一步摊薄，叠加外部形势影响，将会对安全管理带来更大的压力与挑战。

第五，新型电力系统建设中的高渗透可再生能源占比、高比例电力电子设备应用、高增长的电力负荷需求波动加大，电网系统建设和系统运行日趋复杂，电压、频率调节能力面临严峻考验，新能源出力与负荷存在反调峰特性，使得国家电网公司电力系统新型智能化建设面临着诸多管理和技术方面的难题。

第六，电力系统新型智能化建设工程管理标准化向精益化转型的新目标。目前，我国电力系统新型智能化建设正处于由全面规范化向标准化和精益化管理的转型阶段，如何明晰建设过程中国家电网公司精益化管理的目标体系、变革和创新管理模式、规范和严格管控手段、优化和精细化运营流程、提升和增进管理效能、培育和塑造精益化人才队伍，是对电力系统新型智能化建设工程的新要求。

第七，电力数字技术与未来输变电工程智能化结合的新困难。国家电网公司输变电工程项目建设具有资金投入大、安全重视程度高、业务系统复杂等特点，效能提升、成本节约、安全管控等都需要电力系统建设通过技术创新打造"可感知、可视化、可预测"的运营模式，这依赖于数字化、智能化水平的提升。因此，电力系统新型智能化建设的高质量时代一定是精益化和智能化的有机结合。

然而，巨大的挑战也即意味着巨大的机遇。首先，即能源转型发展推动电力系统新型智能化建设。2022年6月，国家发展和改革委、国家能源局等九部门联合印发"十四五"可再生能源发展规划》（〔2021〕1445号）（简称《规划》）。《规划》的出台，意味着可再生能源将成为能源消费增量主体，也意味着多能互补、源网荷储一体化的输变电工程项目迎来历史机遇。其次，电力系统新型智能化建设推进生产管理体系创新。基于电能商品属性及其演变路径设计，重新构建能源电力的发展业态、主体定位、技术特点、价格机制、管理模式，这使得电网建设和管理系统转型升级，并实现精益化管理成为高质量发展的关键驱动力。最后，即数智技术与能源技术开启电力系统新型智能化建设数智化新时代。电力数智化不是"电力"与"数智技术"的简单叠加,而是传统的电网管理与物联网、大数据、人工智能等技术的深度融合,实现数据监测、感知预测、电力调度等目标,创造新的增量价值,以适应低碳、绿色发展要求。

为此,国家电网公司综合研判电力系统新型智能化建设新形势、任务和问题,以电网高质量发展为主题,以项目全过程高效实施为主线,加快构建新型电力系统,推动电网向能源互联网转型升级,重点构建了以"六精"为主要内涵的专业管理体系,推进以"四化"为基本特征的高质量工程建设管理。"六精四化"是以"六精"(精益求精抓安全,精雕细刻提质量,精准管控保进度,精耕细作抓技术,精打细算控造价,精心培育强队伍)管理理念为引领,巩固近年来标准化、规范化、专业化管理成果,以精益化管理理念为引领,在统筹、融合、抓实上下功夫,构建"架构更加科学合理、运转更加有序高效、管控更加科学有力"的专业管理体系,推动国家电网公司建设专业管理能力水平再上新台阶。电力系统新型智能化建设过程中,需要准确把握基建管理基本规律,紧紧抓住安全、质量、进度、技术、造价、队伍六要素,厘清各要素相互之间的关系,安全是基础,质量是关键,进度是重点,技术是手段,造价是条件,队伍是支撑。需要持续深化依法规范建设,严格按照建设基本程序开展工作,统筹强化五个专业一个支撑:

第一,强调安全生产的重要性,要求在电力工程建设过程中始终坚持安全第一的原则,确保人身和设备的安全,安全管理要做到精益求精,抓安全责任落实,管住作业人员、作业风险、作业计划,确保安全稳定的局面。

第二,注重工程质量,要求在每个环节都做到精细、精确,以确保工程质量达到预期目标,质量管理要做到精雕细刻,抓标准工艺执行,管住质量入口关、过程关、出口关,打造优质精品工程。

第三,强调对工程进度的控制,要求在整个工程建设过程中,能够精准地把握工程进度,确保工程按时按质完成,进度管理要做到精准管控,抓好计划制订执行,强化资源统筹配置,加强内外部协调,确保按期完成建设任务。

第四,重视技术创新,要求在工程建设过程中不断引进新技术、新工艺,以提高工程建设的效率和质量，技术管理要做到精耕细作，抓标准规范落细落实，深化新技术研究应用，强化重点技术集中攻关，推动电网技术水平持续提升。

第五，强调成本控制，要求在工程建设过程中，能够精细地核算各项费用，以降低工程成本，造价管理要做到精打细算，落实合理依据、合理程序、合理造价，精细高效控制，强化概算、预算、结算管理，提高工程建设效益。

第六，注重人才培养，要求在工程建设过程中，能够精心培育各类专业人才，以提升工程建设的整体素质，队伍建设要做到精心培育，加大专业干部、专业人才培养选拔力度，形成风清气正、干事创业、人才辈出的良好氛围。管理过程中，创新五个专业管控机制，改进管控方式方法，强化逐级管控，确保纵向到底、管必到位。需要建立统一的数字化管控平台，实现电力系统新型智能化建设各类项目、各个环节、各个专业线上管控，工作上平台，业务数字化、管控精益化，全面提升管理现代化水平。

"六精四化"推动以"四化"（标准化、绿色化、模块化、智能化）工程建造为手段，大力实施"价值追求更高、方式手段更新、质量效率更优"的高质量建设。巩固近年来电网标准化建设成果，贯彻新发展理念，应用现代建设手段，全面推进电网建设标准化、绿色化、模块化、智能化，大力实施"价值追求更高、方式手段更新、质量效率更优"的高质量建设，推动国家电网公司工程建设能力水平再上新台阶。"四化"中，标准化是基础，强调工程建设的规范化，要求在工程建设过程中，所有的工作都必须按照既定的标准来进行，以确保工程质量，始终坚持标准化建设基本经验，落实电力系统新型智能化建设新要求，强化技术创新应用，深化完善"三通一标"（通用设计、通用设备、通用造价，标准工艺），持续提升标准化建设质效；绿色化是方向，注重环保，要求在工程建设过程中，能够充分考虑环保因素，减少对环境的影响，践行绿色发展理念，全面推进绿色建造，抓好设计、采购、施工、评价全过程管控，落实环保水保措施，有效降低资源消耗和环境影响，推动电网与自然生态和谐发展，助力"双碳"目标落地实施，实现电网智能化建设综合效益最大化；模块化是方式，提倡使用先进的机械设备，提高工程建设的效率和质量，应用现代智能建造技术，深化标准化设计、工厂化加工、装配式施工，大力实施"机械化换人"，推行工厂批量生产、现场机械装配，实施从工厂到现场的现代装配施工新模式，提高设备集成度、建（构）筑物装配率、预制件标准化程度，全面提升建设工艺质量和效率效益；智能化是内涵，强调工程建设的智能化，要求在工程建设过程中，能够充分利用现代科技，提高工程建设的智能化水平，应用数字技术赋智赋能，国家电网公司相关专业部门协同攻关，研究建立数字智能电网建设技术方案，全面满足新型电力系统安全稳定、灵活控制、智能互动等需求，推行数字设计、智能施工，建设数字智能电网，为实现电网安全稳定运行和全环节可观可测、可调可控奠定坚实基础。

为扎实深入推进"六精四化"，国家电网公司专门研究制订了如图 1－1 所示的电力系统新型智能化建设"六精四化"行动方案，即确保电力系统新型智能化建设过程中"六精四化"走深走实、取得实效。

第一，要提高思想认识。为实施电力系统新型智能化建设"六精四化"行动计划，要落实国家电网公司"一体四翼"发展布局、高质量推进智能化建设的具体部署，继承发扬优良传统、推动新时期国家电网公司基建专业工作再上新台阶。

第二，要高度认识、扎实推进。要加强智能化电力建设基建组织领导，要成立专门的基建领导小组，组织有关部门及单位抓落实，加强检查、指导、推动，以及及时协调存在的困难和问题，确保各项电力系统新型智能化建设工作有序推进。

第三，要注重协同联动。电力系统新型智能化建设有关部门和相关单位都要深度参与研究和实践。在实施过程中，有关困难问题及意见建议，要及时向建设总部有关部门反馈。有关部门要深入基建部门了解实际实施情况，及时帮助基建部门解决建设难题。

第四，要强化过程管控。国家电网公司基建部要同有关部门对各基建单位"六精四化"行动计划落地实施情况进行过程跟踪、量化评价、年度考核，以标杆工地、标杆工程评选为载体，搭建创先争优、交流提升平台，促进整体水平持续提升。

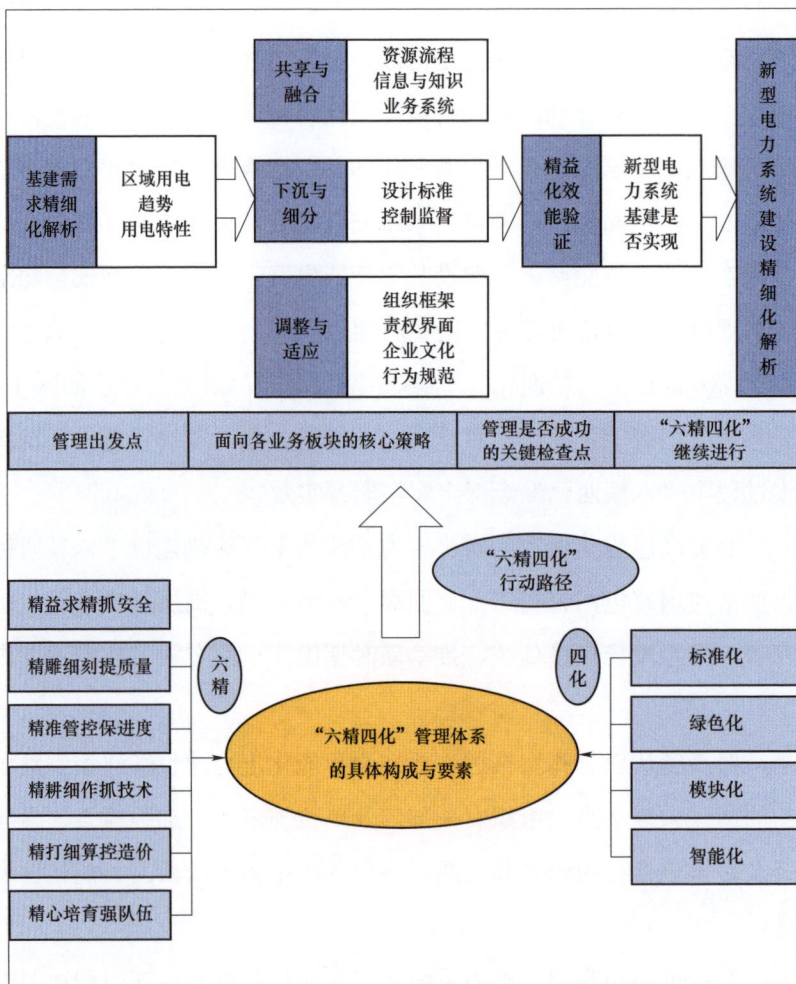

图 1-1 "六精四化"建设新模式行动方案

第五，聚焦稳定安全可靠打造特高压升级版。以"六精四化"为主线，高质量推进特高压电网建设。特高压工程已形成规模，建成投运十四交十二直，输电线路总长超过 4 万 km，变电（换流）容量超过 52.3 亿 kVA（kW），成为我国电网的骨干网架，对电网安全、能源安全和能源结构转型的影响巨大，因此需要特别重视"六要素"之间的紧密耦合，全力以赴、协同发力，进一步提升稳定性、安全性和可靠性。

第六，坚持问题导向和目标导向。分析电力系统新型智能化建设技术攻关、建设运行经验，客观总结最佳实践，深入剖析存在的问题，落实电网发展新要求，以实现更高的运行可靠性、全寿命周期效益、标准化建设水平为目标，研究制订"六精四化"落地实施方案。

第七，提升设计质量。从系统设计和设备设计源头提升安全裕度，大幅增强在高海拔、高地震烈度、重覆冰、沙漠戈壁、高温高湿、极低温等极端自然条件下的可靠性，大幅增强长期重载运行下的稳定性，大幅增强新能源大规模接入下的适应性。全面推进设计高水平标准化，推进三维、3D技术正向设计技术运用，提升特高压输变电技术体系的稳定性。

第八，提升设备质量。集中力量产学研用联合攻关，突破分接开关、二次芯片、绝缘栅双极晶体管（insulate－gate bipolar transistor，IGBT）等关键材料部件等"卡脖子"难题，深化主设备故障机理研究，保障产业链安全和运行安全，从招标采购源头抓起，强化制造厂责任、强化监造和延伸监造、强化设备质量全过程管控、强化设备现场安装工艺标准、强化试验检测与状态感知和安全防护关口，综合施策，进一步提升设备品质，确保大规模生产的安全质量。

第九，确保施工安全。目前，在建和新开工输变电工程将超过1.5万km，涉及18个省（自治区），途经各种地形、地貌和气候区。要高度重视面临的施工难度和安全风险，强化施工、监理和业主项目部的资源力量配置，强化对高风险环节和薄弱环节的刚性管控，压实属地省公司和施工单位的管理责任，确保安全管控体系高效运转，要坚决守牢安全底线，为国家电网公司电力系统新型智能化建设高质量发展奠定坚实基础。

国家电网公司"六精四化"行动计划旨在以精益化管理理论为基础，以精细化研究方法为手段，科学地总结输变电工程项目精益化管理高质量建设模式的标杆经验，聚焦高质量精益化管理体系的优化路径，这对于我国加快建设具有中国特色国际领先的能源互联网企业具有重要的研究价值和现实意义。

1.2 "六精四化"在输变电工程建设管理中的核心内涵

国家电网公司基于对输变电工程建设生产力发展现状和方向的分析研判，以实现电力系统新型智能化"六精四化"建设为目标和依托，旨在研究一种建设新模式以解决电力系统建设突出的矛盾和问题。这种建设新模式能普遍适用于输变电工程建设，能推动国家电网公司基建"六精四化"要求真正落地见效，实现输变电工程建设管理的升级换代，引领输变电工程建设在新发展阶段实现革命性突破。"六精四化"核心内涵如图 1-2 所示。

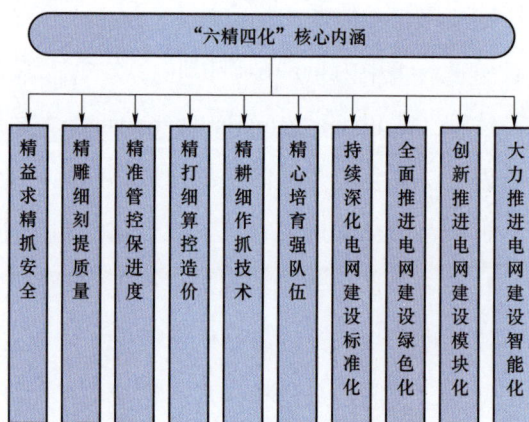

图 1-2 "六精四化"核心内涵

1. 构建以"六精"为主要内涵的专业管理体系

巩固近年来标准化、规范化、专业化管理成果，基于当前专业管理体制、制度标准体系，在"三横五纵"总体架构下，优化三级管理模式、强化五个专业一个支撑，重点抓好"六精"管理，在统筹、融合、抓实上下功夫，建立统一的数字化管控平台，推动专业管理体系高效运转。

（1）精益求精抓安全。坚持强基固本、标本兼治、综合施策，将安全管理要求落实到每一个现场、每一位作业人员，从源头上防范化解重大安全风险。

1）抓安全责任落实。压紧、压实各级单位安全责任，严格执行安全责任清单，抓好全员安全责任落实。深化省公司建设部挂点制度，把各级单位的纵向安全管控与项目参建各方的横向管控紧密结合，将整个管理链条上的省公司组织领导责任、参建单位主体责任、项目部管理责任、作业层班组执行实施责任落到实处，筑牢安全管控网格化责任落实。

2）抓全过程风险管控。实施工程建设全过程风险管控，在工程前期阶段压降风险、建立清单，在工程建设阶段精益管控、逐项销号，在总结评价阶段评定成效、严格管控，同时抓好预判分析、日常管控、防灾避险工作及创新工法应用，确保施工安全风险全面受控，确保环保水保工作依法合规。落实安全生产专项整治三年行动，开展隐患排查工作，确保重大安全隐患见底清零，从根本上消除事故隐患。

3）抓安全效能提升。从安全制度、安全文化、工法创新、管理创新、数字化、人员能力等基础管理方面，总结固化近年来安全管理成果。深化"年策划、季分析、月排查、周计划、日管控"闭环工作机制，强化"四不两直"（不发通知、不打招呼、不听汇报、不用陪同接待，直奔基层、直插现场）检查、值班管控、在建工程梳理、班组标准化建设等工作的一体化运作，不断推进安全管理"标本兼治"。

（2）精雕细刻提质量。深化质量全过程管控机制，提升全过程管控智能化水平，持续深化输变电工程高质量建设，打造优质精品工程，夯实电网安全稳定运行基础。

1）抓"五关"管控。持续健全涵盖质量管理"策划关"、质量检测"入口关"、视频管控"过程关"、质量验收"出口关"和达标投产"考核关"的全过程质量管控机制。按照"四个不低于95%"的目标，稳步提升设备材料进场检测合格率、主设备试验调试一次通过率、系统投运一次成功率和达标投产抽查监督通过率。

2）抓示范引领。按照"申报一批、建设一批、策划一批"的原则统筹开展优质工程创建，努力提升技术先进性、功能可靠性、工程耐久性、施工安全性、运维便捷性、绿色建造水平和建设效率效益。强化优质工程样板示范引领，打造"国优奖"创新样板、"鲁班奖"匠心样板、"金银奖"示范样板、"水土保持示范工程"样板，均衡提升各区域、各单位、各电压等级工程建设质量，公司中的国家级优质工程数量持续保持行业领先。

3）抓手段提升。持续健全建设质量数据库，应用大数据分析研判质量管控效能，精准防治质量通病。推广应用数字化手段，开展质量关键环节及核心参数实时在线监控，深化质量检测、视频管控、质量验收等全过程质量智能管控手段应用，持续提升质量工艺水平。按照"质量专家、管理专职、专业监理师、工程质检员、施工工匠"等，分级、分类开展能力素质专项提升行动，持续夯实质量管理基础。

（3）精准管控保进度。坚持依法合规，综合考虑建设条件和资源保障，以进度计划为主线，统筹建设全过程各类计划精准管控，加强建设协调，确保全面完成建设任务。

1）抓计划管控。充分考虑工程前期进展、工程特点、外部环境、建设需求，统筹制订设计、评审、采购及物资供应、停电配合、手续办理、开工投产、合同结算等一本计划，确保各环节衔接有序，工程工期科学合理，整体计划周密精准。推广应用进度精益管控"揭榜挂帅"研究成果，强化前瞻预判、智能管控、实时纠偏，提高计划执行精准水平。

2）抓前期质效。按照"职责不变、业务融合"的原则，建立分级联动、资源共享、统一协调的"两个前期"一体化管理机制，强化专业协同，提升工作效率。做深、做细、做精设计方案和管理策划，加强前期关键环节管控，在深化"先签后建"基础上积极推行"无障碍开工"，保障合规有序建设。

3）抓资源保障。科学设置资质条件，强化履约评级应用，择优选择参建队伍。深化项目集管理、全过程工程咨询和项目管理部建设，做好省内、省际资源调配帮扶，统筹配置管理力量。开展"三强五优"业主项目部创建，推行施工、监理项目部资源配置达标，持续提升项目管理能力。

4）抓建设协调。深化电网建设"一口对外"协调机制，健全月度、季度及专题专项协调机制，发挥属地资源优势，凝聚专业合力解决建设难题。及时关注研析国家"放管服"、审批制改革等政策变化，加强与政府部门、关联行业沟通协调，在用地、用林、拆迁、交叉跨越等方面争取有利政策，维护公司合法权益。

5）抓重点示范。响应国家关切、公司关注，精准确定重点工程，深化分级分类管理，做到"应管必管、管必管好"。完善紧急工程"绿色通道"机制，稳妥开展工程总承包工作试点，充分发挥重点工程示范带动作用，持续提升各级电网建设管理效能。

（4）精打细算控造价。落实全生命周期成本最优理念，创新造价管理与技术，强化初设评审、预算审核、过程管理、结算监督等全过程关键环节精细管控。

1）抓概预算源头管控。深化省公司评审能力评价，落实评审项目经理制、设计文件退回制、评审质量追溯制。提升勘测设计深度，确保概算、预算编制质量。科学评审、论证方案、计列费用，提升工程本质安全性、建设可实施性、生产维护便捷性、造价合理性。应用综合单价法编制施工图预算，做准施工招标限价。在工程建设全过程，强化实施施工图预算管理。

2）抓结算质效提升。深化过程分部结算管理，强化现场设计、施工、结算"三量"核查。确保量、价、费依据准确，实现工程结算零误差。创新电子化结算，变更签证线上办理，加快工程结算进度。推进造价精益管理示范工程建设，提升质效，树立标杆，示范推广。

3）抓造价标准化建设。创新方式方法，推进造价管理流程、要素、依据、成果标准化。严格执行造价标准化交底手册，推动现场造价管理职责落实、流程规范、标准落地。深化推进统一合规依据管理，规范概、预、结算费用计列。

4）抓造价规范化管理。严格执行工程批复概算，加强调概规范管理。深化造价编审质量约谈机制，压实责任与工作要求，有效管控概预结算编制偏差。深化造价成效监督，分层实施，闭环提升，夯实基础，提高专业能力，提升管理成效，落实制度要求，深化专业协同、常态管控，高效办理中小企业款项，及时足额支付农民工工资。

（5）精耕细作抓技术。围绕公司发展战略目标，落实新型电力系统等建设新要求，扎实推进基建技术创新及应用，规范管理、创新创效，提高电网建设技术水平。

1）抓关键技术攻关。聚焦新型电力系统建设需求，开展电网设计施工、绿色建造、智能建造等系列关键技术攻关。开展城市电缆、海底电缆、超高杆塔大跨越建设技术攻关，开展高海拔特高压输电技术研究，适应大范围新能源输送需要。推进大规模新能源与柔性直流协同控制技术、混合级联输电关键技术、直流储能关键技术取得全面突破。

2）抓管理机制创新。强化落实省公司技术管理主体责任，加强各级单位专职技术管理人员配置，确保公司技术管理要求落实到工程项目中。创新技术管控机制以落实技术标准规范、推广成熟技术应用、推进新技术研究为重点，加强工程设计、施工关键环节技术管控。深化技术创新机制，以创新创效为目标，统筹依托电网建设开展各类科研、技术活动，实现技术功能、参数迭代提升，定期总结研判技术价值，推动科技成果转化为生产力。

3）抓技术成果应用。以标准化技术保障电网建设保持在较高技术水平。定期总结提炼技术创新成果，推广先进适应技术。公司发布年度新技术、新工艺、新装备、新材料推广应用清单，指导各单位结合工程抓好应用。

（6）精心培育强队伍。充分发挥党的建设和党的领导独特优势，落实"以人为本"的理念，尊重人才、培养人才、用好人才、关爱人才，加强专业领导、专业人才培养选拔力度，形成风清气正、干事创业、人才辈出的良好氛围。

1）抓政治建设。充分发挥党建引领作用，深入开展"党建＋基建"活动，加强各级党支部建设，全面深化现场临时党支部标准化建设，凝聚干事创业精神。落实各级领导人员"一岗双责"要求，抓好廉政建设，确保队伍廉洁干事。

2）抓能力建设。立足专业岗位，加强专业队伍能力建设，加强专业管理领导人员培养，让专业的人干专业的事，提升专业管理执行力。持续加强所属施工企业作业层班组建设，提升核心业务施工能力，严格执行施工招标关键人员配置硬约束。构建多维立体专业培训体系，丰富线上线下培训方式，强化各类人员"应知应会"培训及考核。建立一批公司级实训基地，严格内外部技能人员的统一培训及准入。

3）抓梯队建设。加大各级基建专业领导人员培养选拔力度，提高专业素养、培育专业思维、掌握专业方法、塑造专业精神，鼓励引导基建专业领导人员到电网建设第一线、项目攻坚最前沿等艰苦吃劲岗位上历练成长，着力构建梯次科学、结构合理的基建领导人员队伍，确保人力资源充足。依托公司人才培养三大工程评选，实施基建专业各级各类专家人才培育，大力补齐短板，着力解决队伍结构性缺员问题，打通人才成长通道，强化人才补充、培训和使用，培养更多"明白人"，以点带面提升队伍整体能力。

4）抓文化建设。加强基建系统先进典型选树、先进事迹宣传，总结提炼基建人吃苦耐劳、乐于奉献、自觉担当、敢于战斗、敢于争先、能打胜仗等精神内涵，培育形成公司基建文化，提升号召力和影响力。

2. 推进以"四化"为基本特征的高质量建设

巩固近年来电网工程标准化建设成果，落实新型电力系统建设新要求，推动"三通一标"深化完善；落实绿色发展理念，推动电网绿色发展；应用现代智能建造技术，推动模块化建设技术升级；以数字技术赋智赋能，推动电网智能升级；全面推进电网高质量建设，提升整体建设能力和水平。

（1）持续深化电网建设标准化。始终坚持标准化建设这条基本经验，落实新要求，不断优化完善"三通一标"，以"标准化"保障电网整体建设质效，支撑电网大规模、高质量建设。

1）抓通用设计迭代提升。根据新型电力系统建设、"双碳"目标要求，推进变电站通用设计优化，提高变电站新能源接入适应能力、建设运行节能环保水平；建立输电线路一体化通用设计成果体系，综合系统、环境、地质等条件，实现导地线、金具、杆塔、基础等线路通用设计各部分系统匹配、整体提升。

2）抓通用设备优化应用。结合电网技术发展及制造能力提升，滚动更新通用设备，合理归并同类设备相近技术参数，深度统一接口标准；强化设备"四

13

统一"（统一标准、统一要求、统一培训、统一奖惩）标准落实，加强设备选型、招标采购、施工安装等环节管控，实现同类设备通用互换，提高工程建设效率。

3）抓标准工艺滚动更新。公司统一开展标准工艺动态更新，确保其技术先进、经济合理、绿色低碳、操作简便、易于推广。建立省公司为主体的推广应用机制，打造标准工艺应用"样板间"，建立标准工艺实训基地，均衡提升各电压等级工程标准工艺应用实效。

4）抓计价标准配套应用。建立动态、静态协同机制，跟踪人材机系数、设备材料价格等边界条件变化，及时迭代更新多维立体参考价。基于最新规程规范、计价依据，应用标准化建设、模块化设计理念，持续深化通用造价，指导工程设计、设备选型、费用控制。创新配套计价依据研究，服务"双碳"目标、新型电力系统建设，支撑新技术、新材料、新设备、新工艺应用。

（2）全面推进电网建设绿色化。在电网项目实施全过程践行绿色发展理念，落实环保、水保要求，应用绿色建造技术，有效降低资源消耗和环境影响，助力"双碳"目标落地实施，实现电网建设综合效益最大化。

1）抓理念变革。严格执行绿色建造指导意见，滚动更新绿色建造指引，在电网项目实施全过程践行绿色发展理念，落实环保、水保要求，有效降低资源消耗和环境影响，全面助力"双碳"目标落地实施，实现电网建设综合效益最大化。

2）抓设计采购。落实工程全生命周期成本最优理念，积极推进电网节能环保设计，广泛采用节能环保设备、材料，推动新型环保基础技术应用，推进综合能源利用，降低电网运行能耗。推广环保、水保专项设计。推进物资招标绿色选型，推广可循环利用建材、高强度和高耐久建材、绿色部品部件、绿色装饰装修、节水节能建材、节能环保设备等绿色产品。

3）抓建设实施。依法合规推进无障碍化施工，全面落实循环经济"减量化、再利用、再循环"原则，提升资源保护和利用效率。推进传统施工工艺绿色升级革新，提升施工全流程碳减排量。应用数字化手段实时监测绿色施工关键指标参数，提升绿色施工水平。

4）抓绿色评价。加强动态检查评估，确保工程建设满足绿色建造、环保水保要求。按照绿色移交标准全面提供工程实体及数字化成果移交，将绿色评价纳入输变电工程达标投产评价，持续提升输变电工程绿色优质达标率。

（3）创新推进电网建设机械化。应用现代智能建造技术，深化标准化设计、工厂化加工、机械化施工，推动从工厂到现场的现代装配施工新模式，提升工程建设质量、效率和技术水平。

1）抓技术提升。扎实推进模块化建设 2.0 版技术应用，通过示范工程检验新技术的先进性、实用性，实现主要设备更集成、预制装配更高效。应用现代智能建造技术，推动从工厂到现场的现代装配施工新模式。围绕新型电力系统建设要求，重点开展变电站绿色低碳设计、运行状态智能感知等技术研究，推动二次系统更智能、建设运行更环保。

2）抓推广实施。新建变电站全面实施模块化建设，深化标准化设计，推行工厂化批量生产、现场机械化装配，应用预制装配技术，采用高可靠性、少维护量的气体绝缘开关设备（gas insulated switchgear，GIS）、混合式气体绝缘开关设备（hybrid gas insulated switchgear，HGIS）等集成设备，持续提高设备集成度、建（构）筑物装配率、预制件标准化程度。

3）抓机械化施工。积极开展施工技术创新，推动施工装备标准化、系列化、智能化，形成全过程覆盖、全地形适应、全天候可用的机械化施工技术，提升电网施工装备水平。深入实施工法创新三年行动计划，重点应用复杂地形条件下物料运输、基础施工、交叉跨越施工等方面的机械化施工技术。完善机械化施工设计指导手册、机械化施工配套体系，做好工程建设各环节的有效衔接，全面提升机械化施工水平，大力实施"机械化代人"，提升建设质量、效率和本质安全水平。

（4）大力推进电网建设智能化。应用数字技术赋智赋能，开展数字设计、智能施工，研究应用智能感知、数字建模等技术，建设数字智能电网，增强电网感知和计算能力，为实现全环节可观可测、可调可控奠定坚实基础。

1）抓技术引领。紧密围绕新型电力系统、"双碳"目标要求，以安全可靠、绿色低碳、智能柔性、建设高效、运维便捷、经济合理为重点方向，开展电网建设方案研究，通过试点工程建设，提炼形成标准规范，进行推广实施，提升电网智能感知、新能源接入支撑等能力，为实现全环节可观可测、可调可控奠定坚实基础。

2）抓数字设计。开展地质分布图绘制工作，研究勘测数据智能化处理，以数字化手段积累工程勘测数据，有效展现地质特征和地质环境，为工程设计及管理提供参考依据，深化全地域、全地形输电线路设计、施工技术。组织开展"电网工程建筑信息模型（building information modeling，BIM）关键技术国产化研究及应用"的研究活动，迭代提升三维设计技术，提升重要工程、复杂环境的三维设计能力。

3）抓智能施工。落实感知层建设指导意见及技术规范，因地制宜推进智慧工地建设，最大限度地为现场人员减负增效，强化作业单元智能管控，提升安全防护、质量监控能力。开展人工智能应用研究探索实施人机一体化智能施工，打造精干高效的现代施工班组，提升现代化施工水平。

2　输变电工程建设管理新模式

输变电工程建设管理新模式是指在输变电建设的过程中，对施工的各个环节进行合理配置，把各个环节都纳入质量控制之中，最大可能地保证输变电工程建设的顺利进行。输变电工程建设管理贯穿了电力企业建设工作的整个过程，电力企业对输变电工程进行管理，能够对各项要素进行规范，从而促进其标准化与规范化。输变电工程建设管理模式的创新，旨在通过科学合理的管理方式，促进施工活动正常有效开展，确保工程在规定的周期内完成，同时提升工程建设的效率，确保工程质量。

2.1　传统输变电工程建设管理模式及其存在的问题

2.1.1　输变电工程建设管理模式发展

随着国民经济的快速发展、物质生活水平的不断提高，电力工业作为国民经济的基础产业，其管理模式也在同步更新，特别是对于投资巨大、技术难度高、管理复杂的输变电工程项目，其越来越受到国家有关部门和行业的重视。

电力企业要想取得良好的社会效益，必须以可持续发展为战略，加大监管力度，不断提高自身的价值创造能力。这符合能源部门改革进程和社会主义市场经济发展的需要，也符合能源企业自身发展和利益增长的需要。因此，有必要研究输变电工程建设管理模式，提出符合输变电工程项目市场化竞争的管理

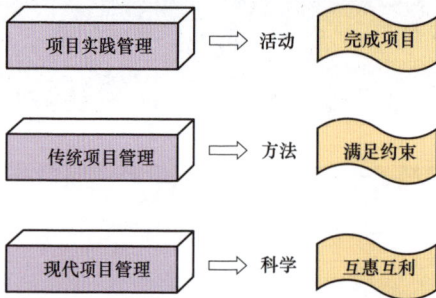

图 2-1　输变电工程建设管理趋势发展

制度，建立可操作、科学、系统的工程项目管理流程。这样，可以推进和加强输变电工程建设管理的实施，提高企业的经济效益，增强企业的竞争力。输变电工程建设管理趋势发展如图 2-1 所示。

从发达国家的输变电工程建设管理体制研究中可以发现，他们模式的特点是以市场为导向，完善自身投资结构的管理和调整。发达国家研究输变电工程建设管理的出发点是工程项目的承包，在实施过程中以提高质量、缩减投入成本为主要目的，最后以能够完成项目为最终目的。企业将输变电工程建设管理的工作一般都交给拥有管理经验的专业人员来配合业主项目办公室工作人员共同完成。业主将输变电工程建设管理分为不同阶段，分别承包给不同的公司进行管理，降低管理难度。在市场经济背景下，政府不直接管理市场，市场上的定价、质量和施工时间由业主或者承包商商议后决定，政府只负责监督工程项目的管理、安全和环境保护。在 20 世纪 60 年代，相对较为简单的输变电工程建设管理模式得到了较广泛的应用，即传统的工程管理模式：设计—招聘—标准的建设方法，新工程承包模式和加强项目全过程管理方法可以降低成本，缩短工期，因此很快被社会所接受。美国输变电工程建设管理是西方项目管理中的代表，是项目管理模式中的典范。项目业主在工程项目施工前，总项目工程师、各承包商、设计师等交接项目细节，协商工作关系。

美国输变电工程建设管理模式的一个特征是为市场提供完整的规则。业主、承包商和建筑师将项目视为投资的项目。在选择分包工程时，需要和建筑师共同商榷，来使得项目各方能够寻求到利益最大点。一般分包商所负责的项目设计和相关设备采购需要由建筑师掌控，总承包商将项目分包给各分包商。大型输变电工程建设项目一般交给总项目管理人负责分配工作。同时，为了降低施工风险，跟项目有关的各类知识必须全面掌握。咨询顾问在设计过程中提供的所有咨询是美国项目管理的另一个特点，但该设计并不适用于整个项目。整个项目的详细设计，还需承包商负责。因此，业主不仅需要寻找有一定实力和建造能力的承包单位，还必须得到符合标准的建筑师。对比亚洲其他国家，如日本，其项目管理模式的成功是建立在一种稳定的长期合作关系基础之上。业主、承包商、分包商和专业供应商保持一种长期的近似于家族关系的模式，一般大型建筑公司都对项目的总体设计和管理工作比较看重，通常在承接一个项目后，首先对项目的整体设计进行规划。设计工作就直接交由设计公司负责，也可以聘请其他专业设计师进行设计。但大部分施工图纸的设计和实施都转移到了施工企业，对设计图纸和施工过程的综合管理是施工项目顺利进行的保障。

20 世纪 50 年代末，随着西方管理技术的引进，中国著名学者华罗庚教授将网络规划技术与中国的"协调综合计划"相结合，制定了协调法则，相关的输变电工程建设项目管理人员通过在国内推广和重点项目应用，实现了较好的经济效益。

目前，中国的输变电工程建设管理模式处于"混合区"。一方面，西方国家的工程项目管理理论和实践经验逐步进入中国时，外来的管理仿佛也对我们的传统工作方法产生了巨大的影响，这一现象在中外合作的一些项目中尤其明显。另一方面，我国大部分企业采用的管理模式都处于一种较为落后的状态，传统的工程项目管理模式没有办法适应当前的大规模合作项目。因此，对于项目的管理者而言，需要在新旧机制中做到完美切换，找到一种与发展相适应的新项目管理模式是亟需解决的一大问题。中国的许多专家学者对工程项目的管理模式和李涛撰写的《项目管理模式和中国工程项目管理》进行了大量研究。很多文献都对项目管理模式进行了深入探讨，并依照现实中的例子对管理的特征进行了论述。这些为探究我国电力项目管理新模式提供了重要方向。

根据公用事业公司固定资产远远超过总资产的特征，固定资产是在投建前就确定好的，要对电力公司的资产进行分类管理，控制好项目施工过程的每个环节。在对传统管理模式进行革新的过程中，电力工程项目的管理也随着市场需求不断变化。王文帅等以电力工程项目管理为出发点，以国际通用的管理形式的和理念为研究对象，在吸收和借鉴国外先进的项目管理思想和管理模式的基础上，结合新疆某 220kV 输电线路实际工程项目，对项目管理模式进行分析。严文豪等以浦东供电公司"核心区现代化配电力"电力建设管理项目为例，证实了在电力工程建设中，管理模式对项目工程建设的重要性。通过理论联系实际，制定出符合我国电力企业需要的结构体系。关宇君、宗伽怿、吴强等根据当前项目管理中存在的问题，证实了电力项目管理的重要性，并建议设立专门针对电力企业的工程项目管理公司来完成管理工作。设计、施工、调试、运输和完整的流程管理模型。在激烈的市场竞争环境中，良好的项目管理对公司来说非常重要。工程项目管理是能源工程的一个组成部分，在项目管理中需要严格把控施工质量和安全，同时在经济角度上，需要做好成本管理和进度管理，通过以上各方的配合来提高整个项目的最大盈利空间，创造最大的共赢局面。但在实际项目管理过程中，还存在诸多不足之处，要结合项目实际情况找到问题所在，并分析问题产生的原因，探索出问题的解决办法。结合多年的管理经验，郑明敏主要探讨了中国电力工程管理的方式，将新的管理方式运用到项目工程管理中，提高工程管理效率。了解承包项目的工程进度和当前的政策局势，应用创新、科学、严谨、有效的项目工程管理模式，这一举措将有利于电力工程项目建设发展。电力工程项目建设发展如图 2−2 所示。

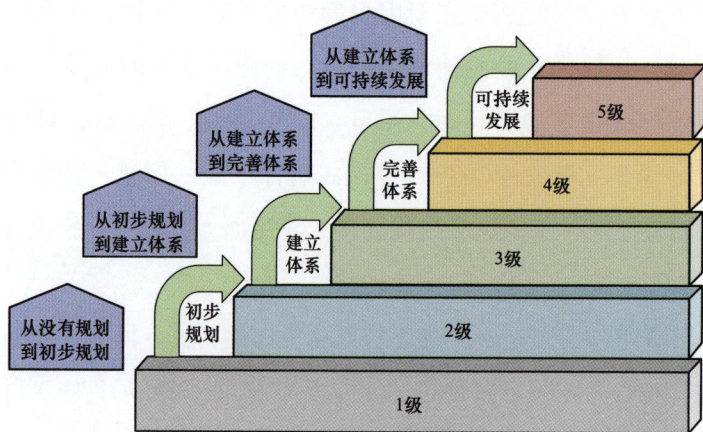

图 2−2　电力工程项目建设发展

2.1.2 传统输变电工程建设管理模式及其特点

输变电工程建设管理是指一定的主体为了实现其目标，利用各种有效的手段，对执行中的投资项目各阶段工作进行计划、组织、协调、指挥、控制，以取得良好经济效益的各项活动的总称。

输变电工程建设管理的主要任务：从管理职能角度划分为项目计划、组织、人事安排、控制、协调等五个方面；从项目活动过程划分为项目决策、项目规划与设计、项目的招投标、项目实施、项目总结与评价五个方面；从项目投入资源要素角度划分为项目资金财务管理、项目人事劳动管理、项目设备材料管理、项目技术管理、项目信息管理、项目合同管理六个方面；从项目目标和约束角度划分为项目安全管理、项目进度管理、项目质量管理、项目成本管理四个方面。国内工程建设项目的一般程序如图 2-3 所示。

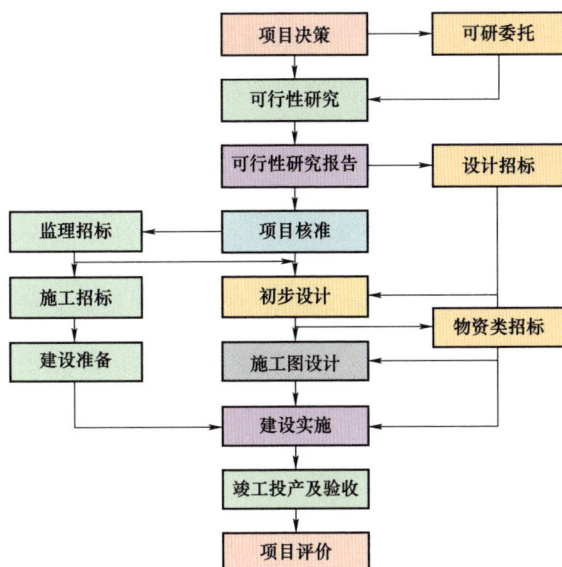

图 2-3　国内工程建设项目的一般程序

输变电工程建设项目的一般程序为：项目可行性研究、项目核准、初步设计、施工图设计、建设准备、建设实施、竣工投产及验收、项目评价。

为适应不同输变电工程建设的需要，经过实践的不断发展，形成了多种输变电工程项目管理模式。这些输变电工程项目管理模式都有其各自的优势，推动了输变电工程项目建设的顺利进行。目前，主要有以下几种模式：

DBB 模式：设计—招标—建造（design-bid-build，DBB）模式在我国利用率较高，是我国输变电工程建设管理中常用的管理模式，即项目在相关人员规划好后实施的一种模式。项目竣工后，项目投入使用，项目建设委托报价和质量要符合要求。该模式由委托设计和安装等不同的单位共同组成。当前，中国大多数输变电工程建设项目都使用这种模式。DBB 模型的优势在于它符合项目的建设。由于设计与施工之间存在着一定的交接障碍，因而从设计到施工这一阶段往往存在障碍，并且一旦出现问题，责任事故也无法划分明确，从而出现设计和施工两方面相互推卸责任的现象，进而破坏合作。

EPC 模式：设计—采购—施工（engineering procurement construction，EPC）模式是一种通用设计模式。该模式是指投标形式。承包商根据业主的要求负责项目的设计和实施，包括土木工程、机械施工、电气施工和其他综合建筑的施工项目。这种关键合同通常包括项目融资、土地购置、设计、施工、安装、装修和设备，承包商承担项目的所有建设。在 20 世纪 80 年代，美国首次在项目建设中通过了 EPC 模式并应用到工程内部，随后引发大范围的关注和业内青睐。

DB 模式：设计—建造（design-build，DB）模式，主要是指工程设计阶段、工程管理阶段全部由施工方承接。项目管理方在项目管理通过批准后，将依据承包商的资质及施工经验选择合适的承包商。承包商的选择应强调风险的承担能力。当明确项目设计单位后，一般以竞争招标的方式开展后续工作，项目管理方也有资格参与到项目施工中。

（1）该模式中，通常需要业主、设计及承包商相互配合，实现项目全过程、全生命周期的管理。在设计建设模式下，承包商只有一家，能够最大限度地减少施工矛盾，保证施工进度。

（2）设计建设模式的优势还体现在责任具体化、防止各个部门之间相互干扰，为工程顺利进行奠定基础，灵活性也较强。但同时该种模式以线性顺序为主，在工期进度上存在一定的局限性。一旦成本控制不到位的情况下，业主管理费用会上升，设计变更的风险会更大。

CM 模式：建设管理（construction management，CM）模式是指由项目管理方委托施工方开展相关的项目管理工作，项目施工方的主要工作内容为对工程进度合理把控。其优势在于，缩短工期、节约施工时间。CM 模式中的施工方分为代理型、非代理型。代理型是指由业主聘请相关的项目经理，并在项目经理的组织下形成专业的项目小组对工程项目开展管理，实现项目总体规划与设计；非代理型是指在明确设计方案后，直接将部分工程分给承包商，业主与承包商限定工程范围和责任，由承包商自行组织施工。

PMC 模式：项目管理承包（project management contracting，PMC）模式是一种行政模式，业主可以对外聘请独立而且专业负责任的项目管理公司，代表业主从事项目实施工作，其中，包含了全项目计划、项目定义、项目招标、选型设计、采购、施工、承包商等广泛因素的管理。业主一方不参与设计、采购、施工和测试。PMC 模式在项目的整个过程中负主要责任，总体目标一直向前进，在大型项目的应用上良好。

虽然现有输变电工程建设管理模式繁多，但其特点可以总结为以下三个方面：

（1）输变电工程建设管理的长期性。输变电工程建设项目，特别是大型输变电建设项目，有的历时十几年，如水利水电工程、跨海电力工程等周期都比较长。项目周期如此漫长，不可预见的因素增多、风险增大，可能产生各种变动因素，可能对工程管理产生较大影响；特别是政治、经济因素的影响更不能忽视，可能遇到资金的来源变化、政策的调整变化等。

（2）输变电工程建设管理的一次性特点。任何输变电工程建设项目都是一次性的、不可重复的，即使在形式上极为相似的项目，如果实施时间和地点不同、环境不同、项目组织不同，那么项目所面临的风险也是不同的，所以它们之间无法等同，无法替代。因此，任何输变电工程建设项目都有一个独立的管理过程，项目的一次性决定了项目管理的一次性。输变电工程建设项目的这个特点对项目的组织行为的影响尤为显著。由于项目具有一次性的特点，因而既要承担风险又必须发挥创造性。这也是与一般重复性管理的主要区别。创造总是带有探索性的，会有较高的失败率。输变电工程建设项目还有不可移动性，这一特征决定了在遇到各类质量问题时，只能在现场修补返工。对于严重的质量问题，如果无法修补返工，就只能予以拆除重建。对于工程业主和承包商来说，都会造成难以估量的严重损失。

（3）输变电工程建设项目需要特殊的组织来完成。由于社会化大生产和专业化分工，大型输变电工程建设项目可能有几十甚至几百个单位参加。要保证项目有秩序、按计划实施，必须建立严密的项目组织。与企业组织相比，项目组织有其特殊性。输变电工程建设项目组织是一次性的，随项目的确立而产生，随项目的结束而消亡，项目参与各方之间主要靠合同作为纽带，建立起组织，同时以合同作为分配工作、分配责任和权利的依据，而项目参与各方之间在项目实施过程中的协调就通过合同和项目的业务工作程序实现。项目实施过程中，可能出现的各种问题多半是贯穿各参与方之间的，要求这些不同的参与方、不同的组织做出迅速而且相互关联、相互依存的反应。因此，需要建立围绕专一任务进行决策的机制和相应的专门组织。

2.1.3 传统输变电工程建设管理存在的主要问题

传统输变电工程建设项目的特点决定了它是一个复杂的系统工程，其管理难度非常大。而传统的输变电工程建设项目管理中，本来就存在种种问题，这些问题主要集中在：项目信息管理落后、项目实施过程相互割裂、项目组织管理繁琐、目标管理与合同管理杂乱等。电力建设工程项目管理存在的主要问题如图 2-4 所示。

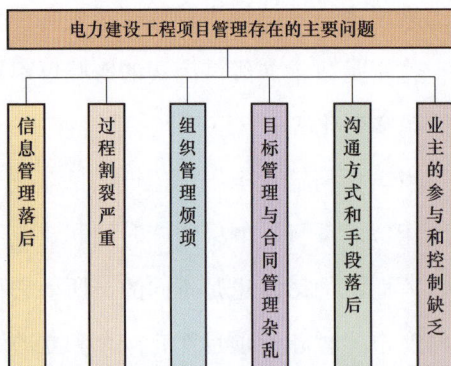

图 2-4 电力建设工程项目管理存在的主要问题

1. 输变电工程建设管理存在的信息管理问题

信息管理落后既是输变电工程建设管理落后状况最直接的表现，也是其他问题的综合表现形式。在输变电工程建设管理的实施过程中，传统的信息保存方式是以纸张为主。由于在众多项目参与方之间要进行庞大的信息交换，因此会产生大量的文件、图纸，直接的表现就是纸张泛滥，而纸介质信息查找和保存非常困难。往往随着项目的进展，很多宝贵的信息资料不合理存放或丢失，使后人要做大量的重复性工作，造成大量的资源浪费。由于输变电工程建设项目信息涉及面广、周期性长，其针对某一事件产生的信息量较之以前有了级数的增长，这样就必然加大该信息的需求方采集和分析信息的难度。而采用传统的项目信息沟通方式及信息系统，由于没有信息标准化和集成分析，所以并不能对某一类信息的整体需要程度做出统筹，也不能将信息事先进行相应集成处理，以实现信息的针对性。其结果必然导致信息需要方需要从大量的非关键信息及冗余信息中，自己提炼出对其决策有支持和参考价值的信息，这也大幅度增加了项目参与方的信息交易成本。

传统的信息传递相当耗费时间，影响了项目管理人员的及时决策，通信费用和办公费用也非常昂贵。而在跨地区的情况下，作为项目信息交流与协调的重要手段——会议，所产生的差旅费更是相当昂贵，很多时候甚至根本不可行。

随着信息技术在输变电工程建设管理中的应用，当项目参与方感觉到需要某种项目信息，就相应地开发和建立针对此类信息的信息系统。其结果是在一个工程建设项目中，同时并存多个参与方开发的多个针对不同功能的信息沟通处理系统和各自为政的信息处理规程，导致它们难以从整体上进行集成，以发挥信息共享所带来的优势。这种分部门、分职能的低水平重复建设，造成了一个又一个的"信息孤岛"。

归纳起来，目前输变电工程建设管理信息交流中的突出问题是：有效内容的短缺、扭曲、过载、传递的延误和获取成本过高。短缺是指由于在输变电工程建设管理中各组织之间存在许多交流的障碍，有效的信息在通过这些障碍时衰减了，衰减后的信息内容变得残缺不全，不能满足接受者的需要；扭曲指信息传递的内容在通过组织时发生的改变，由于传递内容偏离了发送者的本意，往往造成错误的结果；过载是指传递的信息包含许多接收者不需要了解的内容，内容过载使得信息接收者表面上看起来得到的信息很多，却因为良莠不分，极容易造成有效内容的丢失和扭曲；传递的延误是指虽然信息交流传递的内容准确无误，但因为不能按时提供，造成一个或多个接收者等待信息；信息交流的获取成本体现在两个方面：一是各参与方为了取得所关心的信息或者得到其他交流效果所需要的费用；二是所需要的时间，在当前输变电工程建设管理中，以上两方面的代价都很大，这两方面的成本过高都将阻碍工程建设项目各参与方有效的信息交流。

传统的输变电工程建设信息管理方式已不能满足智能输变电工程建设管理的需要，甚至严重影响项目的顺利实施。只有通过对输变电工程建设项目各参建方的信息实施标准化和集成化管理，实现电力建设项目信息的电子化、数字化和可视化，才能保证信息在各项目参与方之间进行有效的沟通、共享，确保电力工程建设项目的顺利实施和最终效益的发挥。

2. 输变电工程建设管理存在的过程割裂严重问题

完整的输变电工程建设生命周期包括决策阶段、实施阶段，相应的建设工程生命周期管理包括项目前期的策划与管理（或称开发管理，development management，DM）和项目实施期的项目管理（project management，PM）。在传统的输变电工程建设管理模式中，DM 和 PM 相对独立，缺乏系统、全面的管理。输变电工程建设管理一般由项目决策、设计和施工等阶段构成项目的全过程。输变电工程建设管理全过程有明显的阶段性，由于电输变电工程建设过程的复杂性和专业分工的需要，输变电工程建设的实施过程有很大的分离性，它直接表现为输变电工程建设各参与方在组织和项目时间阶段上的隔离与分散。

传统输变电工程建设管理方式是按照专业划分的，各专业在物理上相互分隔，或按输变电工程建设全过程的不同阶段来划分。由于专业所限，或跨越不同的时段，或实施方不同，上游的决策和设计过程往往不能充分考虑下游的需求，而下游对上游的反馈又必须经过逐级审批才能实现，上、下游之间的信息交换存在严重的障碍。输变电工程建设管理是一项复杂的系统工程，涉及专业繁多，但过分强调专业分工割裂了工程建设项目的管理过程，很难适应基于现代信息技术的工程建设项目管理的需要。输变电工程建设管理各阶段的脱节造成了管理的不连续性，使整个项目缺少统一的计划和控制系统。从业主对工程建设项目的监督和控制角度看，出现了条块分割。在项目决策和实施的过程中，不同的部门对项目全过程分割管理，这些部门之间并不存在直接的沟通关系，这必然导致业主对工程建设项目的管理缺乏整体性。从项目的层面上说，这种分离导致了工程建设项目参与各方在项目知识和组织目标上的割裂，造成工程建设项目参与各方在信息沟通和组织协调上的巨大困难，由此产生的变更、拖延、返工、争议和索赔等不确定性因素成为业主满意度下降的根源。从整个行业的角度，项目实施过程的分离与割裂导致了行业生产效率低下、投资回报率低、知识创新能力缺乏。大量的研究成果表明，输变电工程建设管理模式的分离特性，同时也是造成信息冗余、沟通不畅、效率低下等问题的根源所在。

近几十年来，在输变电工程管理领域的大部分研究和创新成果都是从不同角度探索解决过程分离的问题。

3. 输变电工程建设管理的组织问题

传统的组织理论是由亨利·法约尔（H.Fayol）和马克斯·韦伯（M.Weber）在21世纪初所奠定的，强调的是分工和集权，结果导致了层层烦琐、等级森严的"金字塔"结构。上级和下级各层权力连成了一条"等级链"，随着用以贯彻执行统一的命令和保证信息传递的秩序。组织规模的日益庞大，管理层次也逐渐增多，结果出现了高、尖、细的锥形结构。过多的管理层次不仅影响了信息在各层传递的速度，而且由于经过的层次太多，每次传递都被各层部门加进了许多自己的理解和认识，从而可能使信息在传递过程中失真。

一般情况下，输变电工程建设项目各参与方之间的组织形式绝大多数是高耸的金字塔型的线性组织结构。由于其层层烦琐和缺乏横向联系等特点，导致信息传递效率低下。而输变电工程建设管理项目的参与方众多，而且常常在地域上分布不集中，在项目全生命期内还在不断的变动。因此，组织管理的难度非常大，如果仍然采用传统的纵向组织结构几乎不可能达到其项目管理的目的。

由于传统的工程建设项目的实施是建立在分工与协作基础上的，大量工程建设项目管理的实践证明，这种业主、咨询、设计、施工、供货的多层级纵向组织方式存在许多弊端。它不但在组织上具有管理层次多、监督协调困难、项目组织关系紧张，难以调动各方的积极性和创造性等缺陷；还造成管理效率低下、管理成本过高、滋生官僚主义等。这种纵向的组织体系严重妨碍了工程建设项目参与各方之间的信息沟通和行为协调；同时，还不利于项目各参与方目标和利益的统一，是造成各项目参与方只顾自身利益、忽视项目利益的重要原因。

在输变电工程建设管理实施过程中，项目的各个职能管理子系统与人员承担着不同的工作，各自有不同的工作目标、范围和侧重点，因此也造成了项目组织管理职能的相互割裂。

为了解决组织管理中存在的信息传递失真、纵向沟通不畅、监督协调困难、管理效率低下、职能相互割裂等问题，输变电工程建设管理正在逐步向着集约化、专业化、扁平化的组织管理体系变革，但这种变革必须要有能够将众多项目参与方集成在一起的信息管理系统支撑才能实现，如何建立一个集成化的信息管理系统成为输变电工程建设管理需要首先解决的问题之一。

4. 输变电工程建设的目标管理与合同管理问题

工程建设项目的最终目的是实现其预先设定的一系列项目管理目标。工程建设项目管理有多个项目管理目标存在，如费用目标、时间目标、质量目标等，但这些目标本身是相互关联和制约的，在现实中很难达到统一的协调，各项目参与方的目标更难以统一和协调。如何使这些目标尽可能达到协调一致，一直是工程建设项目管理界研究的一个重要问题。

传统的输变电工程建设管理的全过程有着明显的阶段性，项目参与各方的目标不一致，项目过程和组织责任过分细化，参与方之间相互制衡，由此使得大量的费用、时间和精力被消耗在各种工作界面上。项目各参与方往往只注重当前局部利益，无法实现项目全生命期的总体优化。

5. 输变电工程建设项目沟通方式和手段落后不能满足建设项目管理的需求

输变电工程建设项目参与机构众多、社会开放性强，各主体之间及主体内部随时随地需要就项目的相关问题进行沟通。项目沟通的本质是信息交互，电力建设项目包括多种多样的信息，如施工图纸和照片、成本分析清单、预算报告、风险分析图表、合同文件和进度计划，一个工程项目 2/3 的问题都和信息沟通有关。以施工企业为例，工程变更发生时，需要与业主、设计单位、监理、分包商就相关问题进行协商。

输变电工程建设项目管理过程中，各主体之间及企业各部门之间的界面复杂，需要协调的因素众多，目前建设项目沟通主要还是点对点的沟通方式，项目沟通的手段主要是基于纸介质、电话、传真、人员往来、会议等形式进行。在这种沟通方式和手段下，容易造成信息沟通滞后，费用也很昂贵。据统计，传统工程项目中用于信息沟通的费用约占工程总成本的 3%～5%，而美国建筑业的一项统计则表明，美国建筑业每年花费在联邦快递（FedEX）上的费用是 5 亿美元。同时，点对点的信息沟通方式加大了信息沟通的路径和层次，过长的信息沟通路径和过多的信息沟通层次不仅造成信息传递的延迟，更容易造成信息传递过程中的信息缺失和扭曲，这都会直接影响工程项目在建设过程中协同工作的效率和项目决策的质量。

6. 缺乏业主的参与和控制

分散的、点对点的信息沟通方式使业主无法对输变电工程建设项目各参与方的信息沟通进行有效地参与、控制和管理，增加了业主方项目实施的风险。更为重要的是，在传统的信息沟通中，业主往往是被动地接收大量信息，这造成了严重的信息过载现象，降低了业主方信息处理和决策的效率。

综上所述，输变电工程建设管理存在的问题主要是由于管理方法、手段落后造成的，而可视化信息管理模式正是提供了这样一个融合了现代信息技术，横向协调、纵向贯通、高度集成的管理平台，有效解决了管理方法、手段落后的问题。

2.1.4 输变电工程建设管理发展趋势

2.1.4.1 完善建设管理体系

当前，输变电工程建设发展进入了数字化时代，积极研究推进"大建设"管理体系是适应输变电工程建设的迫切需要，也是提高输变电工程质量的必要手段。"大建设"管理体系如图 2-5 所示。

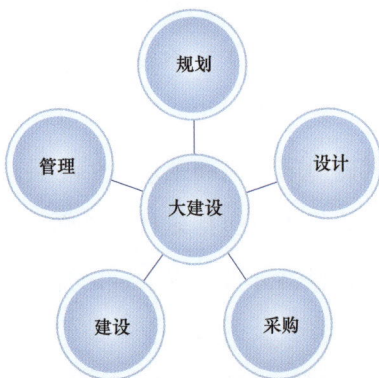

图 2-5 "大建设"管理体系

推进"大建设"体系建设，包括两个方面：

一是树立全方位、全过程输变电建设项目管理理念，从规划源头抓起，对设计、采购、建设的全过程进行管理，以提高电力发展和建设质量为目的，以加强资产全过程管理为主线，构建跨专业、跨部门的资产全过程管理机制，明确各部门、各单位在资产全过程管理中的职责，强化从规划设计到建设施工全过程的管理工作，制定统一的管理考核办法，对各环节的工作成效进行监督考核，确保工作要求落实到位。

二是建立集约化、专业化、扁平化的组织管理体系，统一管理流程、技术规范和建设标准，优化管理模式和业务流程，提高工程建设效率，全面提升工程建设质量。通过集约化管理，优化工程管理资源配置，强化关键环节的集中管控。通过专业化管理，规范管理机构设置及专业人员配置，强化专业培训，发挥专业管理优势，提高项目管控能力和水平。通过扁平化管理，优化项目管理组织架构、明晰项目管理职责，提升项目管理执行力。通过统一管理流程、技术规范、建设标准，强化对关键环节的管控，规范执行设计技术标准、设备技术条件、施工工艺标准。

三是深化基建标准化建设。推进基建管理标准化体系的有效运转，通过配置标准化业务流程、标准化岗位角色、标准化工作模板、标准化系统接口，采集标准化业务数据，强化项目部层级标准化建设，持续完善和深化应用"三通一标"成果，加强标准化工作的统一规划和整体协调，在电力建设的规划、设计、采购等各环节建立统一的标准体系。

2.1.4.2 推行标准化、绿色化、模块化、智能化的项目管理理念

随着"全方位、全过程"管理体系的变革，输变电工程建设管理正在着力推行标准化、绿色化、模块化、智能化的项目管理理念。

（1）通过配置标准化业务流程、标准化岗位角色、标准化工作模板、标准化系统接口，采集标准化业务数据，构建"三横五纵"（"三横"是指国家电网公司基建三级管理模式，即国家电网公司、网省公司、建设管理单位；"五纵"是指纵向贯通的五个专业管理子体系，即基建项目管理体系、基建安全管理体系、基建质量管理体系、基建造价管理体系、基建技术管理体系）基建标准化管理体系，提高标准化管理水平。

（2）通过创新管理模式、变革组织架构、优化业务流程，实现基建管理由条块分割向协同统一、分散粗放向集中精益方式转变，实现以"六精四化"为核心的基建精益化管理。即建立精准流程，着重于基建项目建设过程中工作流、物流、价值流、信息流的分析、优化、整合和提升；控制精确造价，基建项目价值管理要贯穿事前、事中和事后，加强项目概算、预算和结算的精确管控，精确工程量管理，严格控制各项变更，引入过程结算，做到工完量清；运用精湛技术体现在"工程技术"及"信息技术"两方面，服务于特高压和智能电力建设；打造精品文化是在电力建设的全过程全面树立"责任意识、创新意识、精品意识"。通过"六精四化"管理，全面提升基建精益化管理水平。

（3）通过智能化的系统配置、智能化分析展现、智能化预警机制，提高项目管理水平。

（4）通过加强过程统计分析，强化关键节点全过程管控，确保管理到位；综上所述，无论是构建"大建设"管理体系，还是推行标准化、精益化、智能化、全过程的项目管理理念，都必须有现代化的信息管理手段作支撑和保障。研究输变电工程可视化信息管理系统就是构建"大建设"管理体系、落实电力建设标准化、绿色化、模块化、智能化管理的有效途径和手段。

2.2 基于大数据三维数字沙盘的 输变电建设管理新模式

大数据三维数字沙盘是一种将大数据技术与三维数字沙盘展示技术相结合的新型展示方式。它主要由以下几部分构成：一是大数据技术，大数据三维数字沙盘的核心，主要负责处理和分析大量的数据，包括但不限于地理信息数据、业务数据、传感器数据等，大数据技术能够更好地理解和利用这些数据，提供决策支持；二是三维数字沙盘展示，大数据数字沙盘的可视化界面，它通过三维建模技术，将大数据中的信息以图形化的形式展现出来，帮助用户更直观地理解和掌握数据，基于大数据三维数字沙盘的一体化建设管理新模式，是一种能够提高决策效率、实现电力工程规划、建设和管理的信息化、智能化和智慧化的新型管理模式，对于推动电力工程发展，提高电力工程水平和决策质量有着积极的意义和作用。

2.2.1 大数据概念及其在电力建设项目中的发展趋势

2.2.1.1 大数据概念

大数据是指庞大的数据量，但随着技术的快速发展，大数据已经不单单指我们表面所理解的大量的数据，其目前发展为一种新的思维模式，并且已经应用到各行各业的不同领域当中。通过收集海量的数据，并从这些数据中收集对于企业或个人来说有用的数据进行重新整合处理、分析应用。大数据的核心技术主要包括处理和分析。目前，在我们的日常生活中随处可见的信息，如淘宝中顾客对某商品的点击量、浏览时间、搜索的关键词等，这些数据都可以在加工处理并分析之后应用于电力行业的发展中。

2.2.1.2 大数据的特征

大数据的特征包括以下几个方面：

（1）数据规模大。随着互联网在生活中的广泛应用，数据呈现爆炸式的增长。各种服务系统、新兴的社交媒体等都是数据的来源。庞大的数据规模也表现出数据的全面性及包容性。

（2）数据运转快。由于数据量非常大，大量的数据很难进行存储，因此对数据的运转速度提出了很高的要求。

（3）数据类型繁杂。数据如果只有单一的种类那就不能称之为大数据。信息技术的快速发展决定了数据的广泛来源，这也就意味着大数据的形式多种多样，并且各种形式的数据都发挥着特有的作用。

（4）数据价值巨大。在激烈的社会竞争中，数据已经作为一种新型资产而存在，对于一个企业而言，数据在进行筛选、处理及分析之后具备巨大的商业价值。但是，这种商业价值对于普通人而言往往难以发现，企业要对庞大而无序的数据进行筛选处理、深度分析，以此来发现数据中存在的规律及潜在的商业价值。大数据技术整体概况分析如图2-6所示。

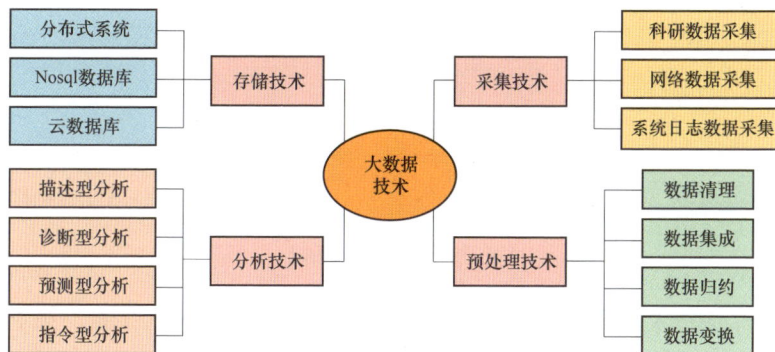

图2-6　大数据技术整体概况分析

大数据的相关理论基础包括以下方面：

（1）采集技术。采集技术是指对各种来源渠道的数据信息进行收集的方法。随着信息化的概念逐渐深入人心，面对每天产生的庞大数据量，企业应该使用专门的采集方法对这些数据进行及时的收集。目前，应用最多的采集手段是网络技术采集，互联网上的数据每天呈爆炸式的增长，合理的应用网络数据将对企业发展产生一定的积极作用。

（2）预处理技术。大数据的预处理技术是一个很复杂但对于企业来说必不可少的过程，其主要是将通过大数据采集技术获取的大规模数据，传输进入一个数据中心，然后对数据中心的数据进行集中的清洗和处理，从而使大规模的数据为企业发展所用，探寻数据潜在的商业价值。数据预处理技术是企业在应用大数据进行成本控制过程中的重要环节，针对大数据规模庞大、有效价值较低的特点，大数据预处理技术能够发挥至关重要的作用。

（3）分析技术。该技术主要是使用分布式数据库、计算集群等，对海量规模的数据进行重新整理和分析。通过分析之后，企业能够将大数据应用于企业发展中，使大数据真正发挥它的企业价值。在分析数据的过程中，合理有效的应用一些数据是非常必要的，其中，用到的一个重要的工具就是四维分析法如图 2-7 所示。

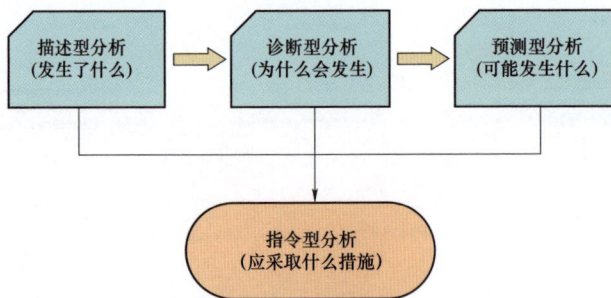

图 2-7　四维分析法

（4）存储技术。大数据的特点之一就是拥有庞大的数据规模，那么对数据的存储技术就提出了严格的要求。随着信息时代的快速发展，数据量越来越大，轻型数据库已经不能满足数据的存储，企业通常使用分布式文件系统、Nosql 数据库及云端数据库对大规模的数据进行存储。其中，最典型的 Nosql 数据库有一个很明显的优势就是能够对大规模的数据进行存储，并且具有强大的横向延展功能，而云数据库是以云计算技术为基础而发展起来的，使用成本较低、有效性较高。

2.2.1.3 大数据在电力行业的发展趋势

大数据在电力项目建设中的发展趋势主要体现在以下几个方面。

（1）专业化分工：电力数据挖掘进入"复杂再生产"的新阶段，利用人工智能与大数据技术，依照不同主体数据需求有针对性地生产或二次加工高价值密度、低隐私性数据。

（2）业务化融合：企业运营管理由传统的经验驱动模式逐渐转化为数据驱动模式，实现数据业务化和业务数据化的闭环驱动，将大数据量化、洞察、预测、展示、决策等功能赋能电力企业创新发展。

（3）生态化发展：电力大数据与其他行业大数据有跨界融合应用的趋势，构建基于数据合作的创新型数据增值模式，实现数据资源跨界联合分析，开展产业联动共赢发展的新生态格局。

此外，随着电力行业数据的海量积累和数据精益化管理的要求趋严，各电力企业建设数据平台和扩展数据智能应用的需求持续增强。

总的来说，大数据在电力项目建设中的发展趋势是专业化分工、业务化融合和生态化发展，这将有助于推动电力数据资源的商业化应用，提高电力系统的效率和可靠性，推动电力行业的数字化转型和智能化发展。

2.2.2 三维数字沙盘在输变电工程中的管理新模式及特点

2.2.2.1 三维数字沙盘概念

三维数字沙盘是指在传统二维平面模型的基础上，采用数字摄影测量技术、高分辨率卫星影像与激光扫描技术等直接获取或自动、半自动提取地物的三维信息，从而等比例建立实际三维模型。三维数字沙盘充分表现了地物区位特点、配套设施、工程特色等信息，是遥感、地理信息系统、三维仿真等高新技术的结合。

2.2.2.2 三维数字沙盘特征

三维数字沙盘具有展示内容广、设计手法精湛、展示手段先进、科技含量高的特点。其在内容的展示上简单明了，设计手法上既有对传统的创新，又有现代高新科技的体现。

三维数字沙盘的特征主要包括：一是地形信息准确，三维数字沙盘采用国家标准地形图建立数字地面模型，可以准确地按比例还原地貌形态；二是地物表示详细，其采用卫星遥感作为地表贴面，反映和实地一样的地表形态，河流、植被、道路、居民地等信息一目了然；三是地物表现直观，卫星遥感的色彩，经过合理的波段组合和时相选取，可以模拟实地景象；四是地形分析和量算，可在三维数字沙盘上进行距离、面积、体积的量算，还可以进行通视、剖面、淹没等分析；五是将地面设施立体化，其将工业建筑等基础设施等以三维方式展现，可以反映实际工程概况。

2.2.2.3　三维数字沙盘在输变电工程中的管理模式

针对现有三维数字沙盘设计在"六精四化"建设新模式中，工程设计、项目管理与策划、施工组织、装备准备等方面，未形成一体化协同环境，设计交底与机械化施工全过程中，信息流未通过统一媒介贯穿电力建造各方，电力建造全要素协同管控存在困难等问题。通过大数据三维数字沙盘，建立数据一体化协同功能，对设计交底和机械化施工组织数据进行统筹，将各参建单位的工作过程通过信息数据流紧密联系在一起，实现项目安全与高效管理。

大数据三维数字沙盘一体化建设管理新模式是一种新兴的信息化管理手段，它结合了大数据、三维数字沙盘及一体化建设管理理念，旨在提高管理效率和精度。该模式主要包括以下几个方面。

（1）数据驱动：大数据技术被广泛应用于该模式中，用于收集、存储、处理和分析大量的数据，从而为决策提供有力的依据。

（2）三维数字沙盘：三维数字沙盘是一种先进的展示工具，它能够提供丰富的数据接口，支持各种静态数据和动态数据的展示，为决策者提供更为全面、直观的数据支持。

（3）一体化建设管理：一体化建设管理强调的是各部分之间的协调和整合，以达到整体最优的效果。在这个模式中，一体化建设管理主要体现在数据的共享和流动，以及各部分之间的协作和配合。

大数据三维数字沙盘一体化建设管理新模式的优点主要体现在以下几个方面。

（1）信息丰富、真实、高清、尺寸精准：基于地理信息的实景三维数字沙盘具有信息丰富、真实、高清、尺寸精准等诸多优势，能够真实地还原工程建设场景，对于施工过程中的管理与协调提供极大便利。

（2）多重互动的智能化模式：在三维数字沙盘中有多重互动的智能化模式，比如全息沙盘除了利用全息显示技术展示沙盘数据，还支持多种模式的互动，触摸屏互动、手势互动、体感互动、AI 语言互动等多种互动，互动可以增强沙盘体验，也可以让参观者身临其境感受全息视觉效果。

（3）全空间三维模型数据一体化集成管理：这种模式能够高效管理并有效利用这些复杂且海量的数据去解决各种复杂的问题，成为工程项目管理领域研究的热门方向。

（4）数据显示：实体沙盘常常只能提供一种视觉展示，使人们能够看到一个静态的场景，但无法实现数据的实时更新和可视化，而三维数字沙盘则克服了这一缺陷，它能够提供丰富的数据接口，支持各种静态数据和动态数据的展示，为展厅主办方提供更为全面、直观的数据支持。

（5）数据分析：除了提供视觉展示和内容交互功能，三维数字沙盘系统还具备强大的数据分析功能，而通过这一功能，三维数字沙盘能呈现出企业销售、人口热力图等数据内容，让主办方可以获得更多洞察，并利用这些信息进行测量、计算和决策等操作。

（6）全方位立体的现场体验：数字沙盘通过声、光、电、影的高效应用，结合现代多媒体交互展示技术，通过视觉，听觉，触觉的实时反馈，给予现场观众全方位立体的现场体验，对于现场演示，项目讲解，多点定位展示来说是一种很高效的赋能工具和载体。

（7）跨越空间的界限，跨越时间的变迁：三维数字沙盘的场地可多次重复利用，实时切换沙盘主题。且在空间上的每一个图元、数据信息都可以即时同步更新，对于电力工程建设是不可或缺的展示方式，可展现电力工程建设进度，让参观者从沙盘上了解到工程进展。

大数据三维数字沙盘的优点在于其强大的交互性、数据显示和分析能力，以及全方位的现场体验，这些特点使它在各个领域中都有广泛的应用前景，并有望在电力工程建设管理中发挥更大的作用。

总的来说，大数据三维数字沙盘在电力工程建设管理中的作用主要体现在提高施工效率、实现施工管理的数字化、帮助管理者实时掌握工程进度和问题，以及预测未来业务等方面。

2.3 三维数字沙盘功能优势

2.3.1 增强信息展示直观性

目前，电网工程的施工管理一般是基于各单位的汇报资料进行数据整理和统计，如此的数据展现无法给管理者和建设者提供感性、全面的认知，而数字沙盘引入电网工程施工领域则可以达到可视化管理和直观化认知的效果，为项目管理提供直观、实时、有效的辅助工具，增强工程安全、质量、进度、造价的过程实时管控手段和力度。数字沙盘增强信息展示的直观性具体体现在以下几个方面。

（1）三维可视化：数字沙盘以三维形式呈现数据，使用户能够以更直观的方式观察和理解信息。通过沉浸式的虚拟现实环境，用户可以自由旋转、缩放和移动视图，深入了解地理环境或设计方案的空间布局和细节。

（2）实时交互：数字沙盘允许用户进行实时的交互操作，如添加、删除、移动和修改元素，改变参数设置等。用户可以通过简单的手势、触摸或操控设备来探索和操作数据，快速获得反馈和结果，从而更好地理解和分析信息。

（3）多维数据展示：数字沙盘可以整合多种类型的数据，如地图、地形、建筑模型等，同时展示在一个统一的环境中。这种多维数据的展示使用户能够更全面地分析和比较不同的信息，从而更好地做出决策和规划。

（4）模拟和预测功能：数字沙盘可以模拟现实世界的情景，并进行预测和分析。通过输入不同的参数和条件，用户可以模拟不同的情况和方案，并观察其结果和影响。这有助于评估不同决策或设计选择的效果，提供决策支持和规划建议。

（5）多用户协作：数字沙盘支持多用户的协作和共享功能。多个用户可以同时参与数字沙盘的操作和讨论，共同探索和分析数据，进行实时的协作决策和规划。这种协作性质使得信息展示更加具有参与性和互动性。

总体而言，数字沙盘通过三维可视化、实时交互、多维数据展示、模拟预测和多用户协作等特性，增强信息展示的直观性，使用户能够更深入、全面地理解和分析数据，并在决策和规划过程中得出更准确的结论。

2.3.2　施工设计与建设管理

当前，输变电工程在各个阶段管理仍以普通意义上的信息化为主，有些领域甚至仍然保持在纸质资料（包括设计蓝图）移交的阶段，大大滞后于信息科技的发展水平。纸质资料容易丢失和损坏，且不易查询和复制。普通电子文件主要以文字描述和统计表格组成，不直观、不宏观，即使包含了部分图片资料，也往往会因为拍摄时间上的错漏导致资料不全。而数字沙盘结合视频监控平台，将三维模拟和视频监控应用到输变电工程建设管理全过程之中，不仅整个输变电工程的外观形象可以在三维模拟系统中长久保存和查阅，施工过程中的数据信息也可以与各种管理过程形成的数字化信息相结合、互相补充、互相比对，形成完整数字化信息资料。数字沙盘在输变电工程建设中辅助监督管理具体体现在以下方面。

（1）施工设计阶段：数字沙盘可以用于进行地理空间分析，辅助选址和路线规划，优化输变电工程的布局和设计。通过数字沙盘的可视化功能，可以实时展示工程设计方案，帮助施工团队和工程方更好地理解和评估设计方案。

（2）施工准备阶段：数字沙盘可以整合施工进度数据，实时监测工程进度，提供可视化展示，帮助施工团队进行进度管理和调整。通过数字沙盘，可以对施工资源进行可视化管理，包括材料、设备、人力等，提高资源利用效率和优化供应链。

（3）施工实施阶段：数字沙盘可以集成工程数据和监测信息，显示施工现场的状态，帮助发现问题和提示风险。通过数字沙盘的协同功能，不同的施工团队可以实时共享信息、协同工作，并基于可视化数据进行决策，提高施工效率和质量。

3 大数据三维数字沙盘构建

3.1 数字沙盘架构设计与实施策略

大数据三维数字沙盘采用信息化手段对通道内的影像、地形、通道地物、电网专题等数据进行融合展示，结合对工程三维 GIM 模型及设计信息可视化渲染，搭建三维可视化环境。大数据三维数字沙盘的架构如图 3-1 所示，整体包括设备层、数据层、服务层、业务层，以及基础数据维护、参与方规则流程制度 6 块内容，形成"四体两翼"的整体架构，确保沙盘建设各参与方内外联动、数字协同，建立以具象设计交底为管理流程起点，逐步延伸至施工方案策

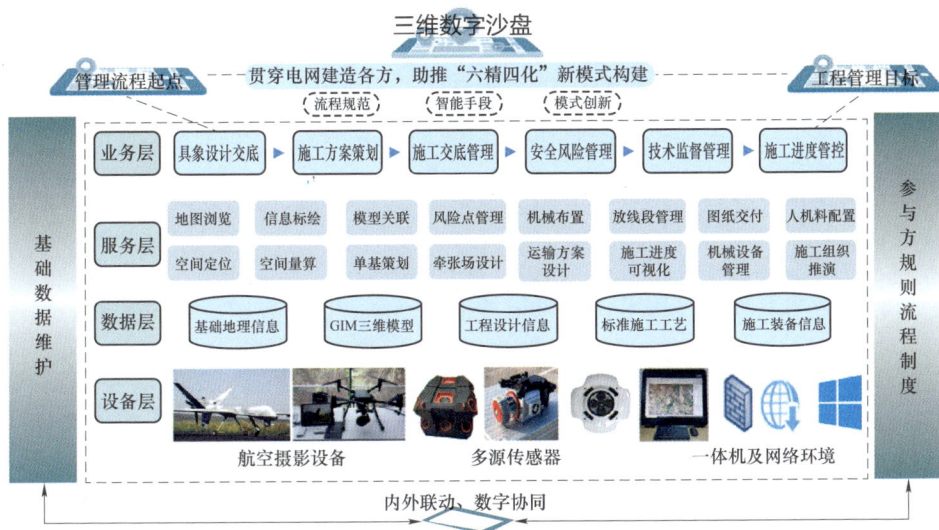

图 3-1 大数据三维数字沙盘的架构

划、施工交底管理、安全风险管理、技术监督管理和施工进度管控的贯穿电网建造各方全过程建设管理流程，以智能决策技术助推"六精四化"新模式构建。

大数据三维数字沙盘的设备层包括航空摄影设备、多源传感器和一体机及网络环境。其中，航空摄影设备用于构筑摄影测量系统，进行影像、地形、点云数据的获取与处理，生成高精度的航摄成果。多源传感器包括监测施工过程中的力学传感器、风速传感器和倾角传感器等，不同工况下使用的传感器规格和数量存在区别。一体机及网络环境包括电脑机箱、数据显示器及配套的网络环境，用于传输、处理和显示施工过程中的数字信息。

数据层包括基础地理信息、电网信息模型（grid information model，GIM）三维模型、工程设计信息、标准施工工艺和施工装备信息。基础地理信息主要由地貌、植被，以及社会地理信息中的居民地、交通、境界、特殊地物、地名等要素构成，施工环境周围的基础地理信息可通过卫星影像获得。GIM 三维模型是一种基于电力系统网格的信息模型，旨在提供电力系统各个组成部分的一致性数据交换和共享。GIM 三维模型定义了输电线路与变电站的拓扑结构、设备、连接关系、属性等信息，并以统一、标准化的方式进行建模和描述。通过采用 GIM 标准建模，可以提供全局视图和具体设备的详细信息，支持输电线路与变电站的设计、管理、维护。工程设计信息是指设计对象满足工程要求具备的固有属性，如架空输电线路的档距和高差、变电站的尺寸。标准施工工艺是指在建筑施工过程中所采用的具体方法、技术和标准，用来完成各种施工任务的一系列操作步骤。施工装备信息是指施工过程中所使用的金具、构件、器材等设备的尺寸、型号等数据。

服务层涵盖的内容较多，可概括为地图浏览、信息标绘、模型关联、风险点管理、机械布置、放线段管理、图纸交付、人机料配置、空间定位、空间量算、单基策划、牵张场设计、运输方案设计、施工进度可视化、机械设备管理和组织施工推演，共 16 个方面。

业务层包括具象设计交底、施工方案策划、施工交底管理、安全风险管理和施工进度管控。具象设计交底是指设计单位在设计文件交付施工时，按法律规定的义务就施工图设计文件向施工单位和监理单位做出详细的说明。施工方案策划是指对施工方案进行科学性、可行性的分析与评估，并制定一系列操作步骤和管理措施以有效地指导工程的施工过程。施工交底管理是指施工单位组织施工现场负责人和相关工种的施工人员在工程实施前对施工组织、施工流程、工程质量要求、施工安全、环境保护等方面进行明确和交流的过程。安全风险管理就是指通过识别施工中存在的危险、有害因素，并运用定性或定量的统计分析方法确定其风险严重程度，进而确定风险控制的优先顺序和风险控制措施，从而减少和杜绝风险的发生。施工进度管控是指在既定的工期内，编制出最优的施工进度计划，在执行该计划的施工中，检查施工实际进度情况，并将其与计划进度相比较，若出现偏差，便分析产生的原因和对工期的影响程度，找出必要的调整措施，修改原计划，不断地如此循环，直至工程竣工验收。

基础数据维护是指对设计或施工过程中的相关数据进行管理、监控、备份、恢复等一系列操作和措施，以确保数据系统的正常运行。它包含了对数据的生命周期进行全程管理，从数据的产生、采集、存储、处理到最终的使用和销毁，是保证大数据三维数字沙盘高效、精准模拟实际施工过程的一项重要措施。具体包括对冗余和有害数据的剔除、历史数据的更新和缺失数据的填补。

参与方规则流程制度既包括对大数据三维数字沙盘中从数据获取到数据共享的数据管理，以及对大数据三维数字沙盘的使用权限管理。从数据管理角度，可以分为数据采集、数据储存、数据清洗、数据整合、数据分析、数据挖掘和数据共享，共 7 个方面的数据管理。从使用权限管理角度，可将数据的使用权限分为的数据所有者权限、数据管理者权限和数据使用者权限。

数字沙盘功能模块建设主要围绕落实"六精四化"要求设计，业务层中的具象设计交底、施工方案策划、施工交底、安全风险管理、技术监督管理和施工进度管控 6 种业务相比于传统业务具有效率高、可视化程度强等优点，具体沙盘功能模块如图 3－2 所示。

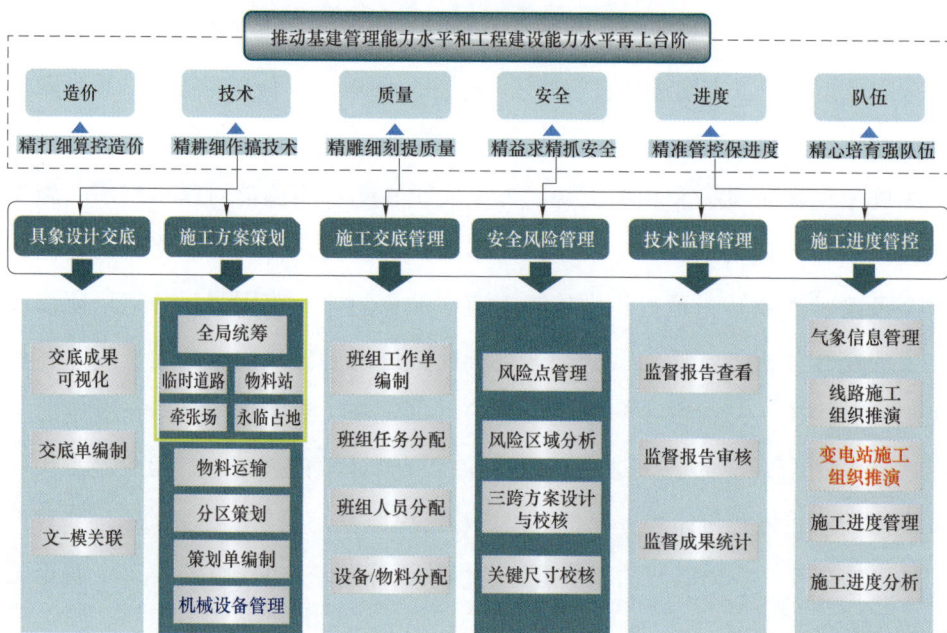

图 3-2 沙盘功能模块

1. 具象化设计交底

传统的设计交底都是交付二维图纸设计资料,不形象直观,没有真正打通设计与施工之间的衔接。

为此,围绕交底成果可视化、交底单编制、三维场景交互等内容设计解决方案。对现有设计交底内容进行优化,结合 BIM 技术、地理信息技术和通道数据,进行三维数字沙盘搭建,并将设计交底内容进行三维可视化表达,进行文模关联,优化交底内容,创新交底模式。具象化设计交底交付成果如图 3-3 所示。

2. 施工方案策划

现有的工程施工方案策划主要基于奥维地图等信息化的手段开展,由于数据精度、时效性等原因,施工单位需要耗费大量人力、物力进行现场复测。现场复测时,存在房屋、古树等信息兼顾不全面的情况,导致后续方案出现反复修改。

鉴于以上问题,围绕施工方案策划构建了全局统筹、分区策划、策划单编制、机械设备管理等内容的解决方案。通过高精度三维数字沙盘准确还原现场实际情况，考虑重要交跨、变电站分区应用场景基于真三维开展施工临时道路、牵张场、物料站、永临占地、物料运输、机械设备、人员配置等设计与管理，分区全局统筹管理，大幅提升内业方案策划的精度并减轻外业工作量，提升策划质量。施工方案策划交付成果如图 3-4 所示。

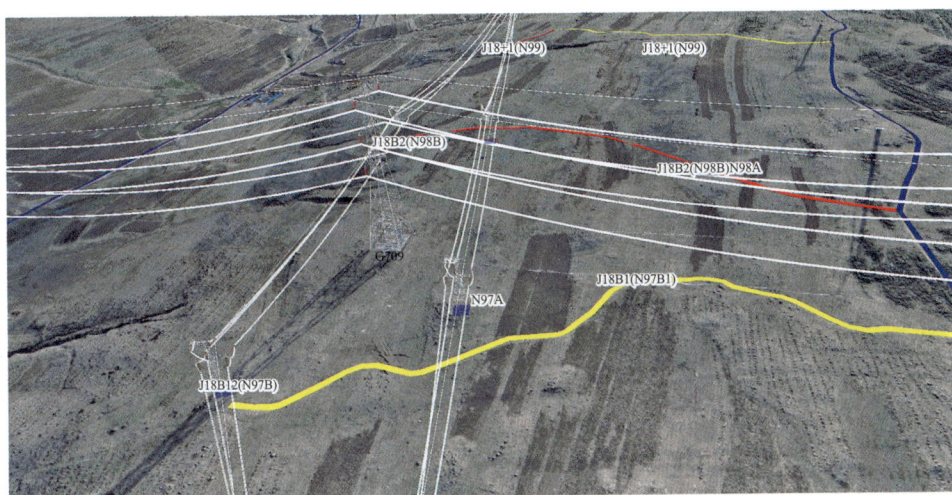

图 3-3　具象化设计交底交付成果

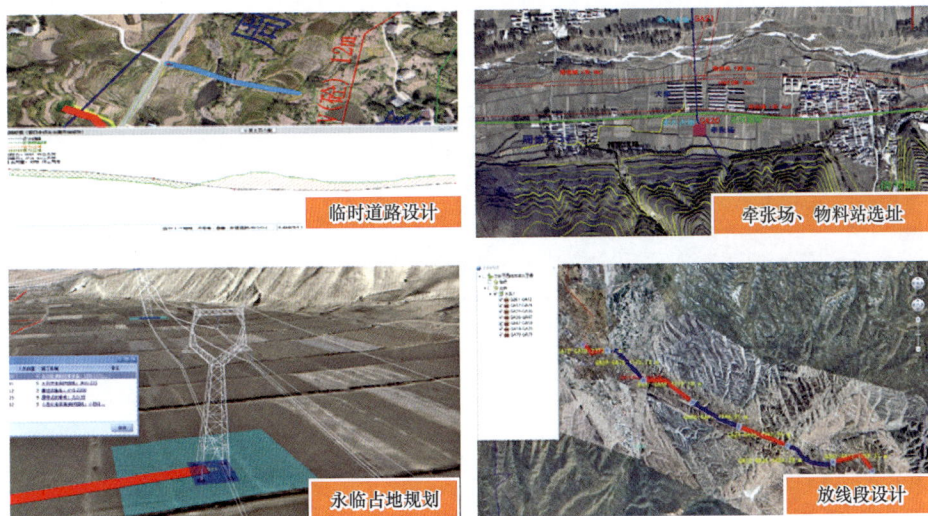

图 3-4　施工方案策划交付成果

3. 施工交底管理

传统的施工交底主要通过口头传达形式开展，没有固化交底模式，缺少交底质量把关，难以对施工过程进行深入具体指导。

在施工方案策划成果的基础上，进一步细化施工组织安排，形成以班组为单元的施工人员配置、任务分配、设备/物料配置的工作单，并对班组工作单进行编制与管理，实现施工向班组交底，更好地指导施工建设。

4. 安全风险管理

传统的安全风险管控缺少三维可视化场景支撑和施工措施模拟分析，管理手段不直观，难以形成真正的风险闭环管理。

鉴于此针对安全风险管理围绕风险点管理、风险区域分析、三跨方案设计与校核等内容设计了解决方案。对线路周边风险进行地图可视化标识和管理，关联工序、可能导致后果、风险等级、风险描述、预控措施、是否消除等信息。对变电站构架施工吊机设备吊装范围、角度按照一定动态区域算法对风险作业区域进行计算，对风险作业区域计算结果进行三维可视化表达。同时，针对重要三跨封网、跨越架施工措施及变电站配电装置与构架关键尺寸进行校核计算。安全风险管理交付成果如图3-5所示。

图3-5　安全风险管理交付成果

5. 技术监督管理

传统的技术监督管理完全依靠施工人员的工程经验，缺乏判定依据和可视化的数据支撑，难以高效、精准地完成施工质量的精准管控。

大数据三维数字沙盘中的技术监督管理通过对设备材料质量与基础质量检测结果和过程资料进行管控，确保工程建设质量。与此同时，大数据三维数字沙盘可统计并查看检测报告信息，可对检测报告进行下载、预览、删除操作，统计并显示设备与基础的检测总体结果。通过大数据三维数字沙盘中的技术监督管理进一步提高输变电工程施工的施工监管力度，有效规避了施工安全隐患。技术监督管理交付成果如图 3-6 所示。

图 3-6　技术监督管理交付成果

6. 施工进度管控

传统的施工进度管控人为主观因素较多，没有形成科学合理的资源统筹安排，不能高效调配施工资源，与精细化管控存在一定差距。

鉴于此，针对施工进度管控围绕气象信息管理、施工组织推演（站/线）、进度统计、进度对比分析等内容设计了解决方案。以工序和时间纵横两个维度，根据各施工工序需要的时间，关联每道工序所使用的施工机械型号和数量，统筹安排各单项工程施工顺序，灵活调配施工器械及人员，合理安排施工器械和人员进、退场。同时，将推演计划进度与实际进度进行对比分析，并在三维场景中展示分析结果，生成对比分析报告。施工进度管控交付成果如图 3-7 所示。

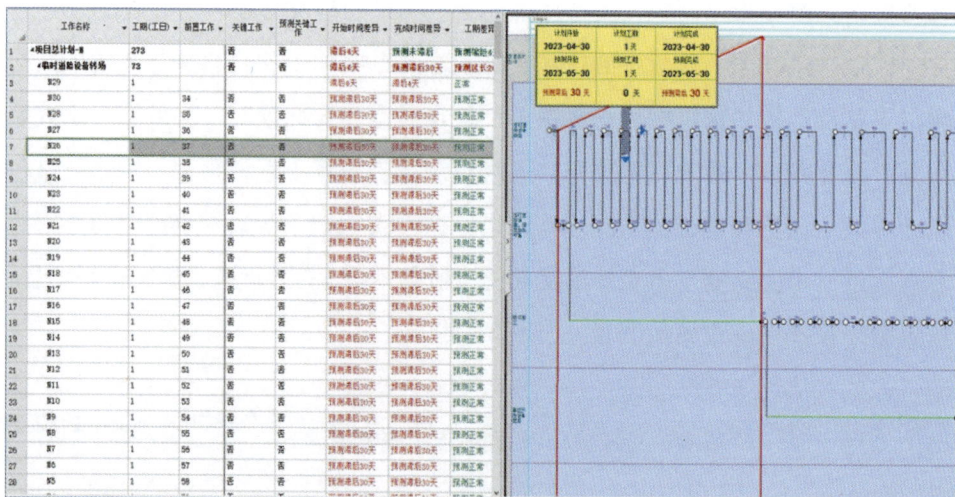

图 3-7　施工进度管控交付成果

3.2　数字沙盘构建关键技术

数字沙盘构建过程中，主要涉及海拉瓦技术、数据融合技术和数字孪生技术，分别用于构建数字沙盘内的数字模型、进行数字沙盘内数据的分析和处理、完成数字沙盘对物理实体的模拟。

3.2.1　海拉瓦技术

海拉瓦技术是一种地理测量技术，它借助卫星、飞机、全球定位系统（global positioning system，GPS）等高科技手段，通过高精度的扫描仪和计算机信息处理系统，将各种影像资料生成正射影像图、数字地面模型和具有立体图效果的三维景观图，并以标准格式输出图像和数字信息。海拉瓦技术如图 3-8 所示。

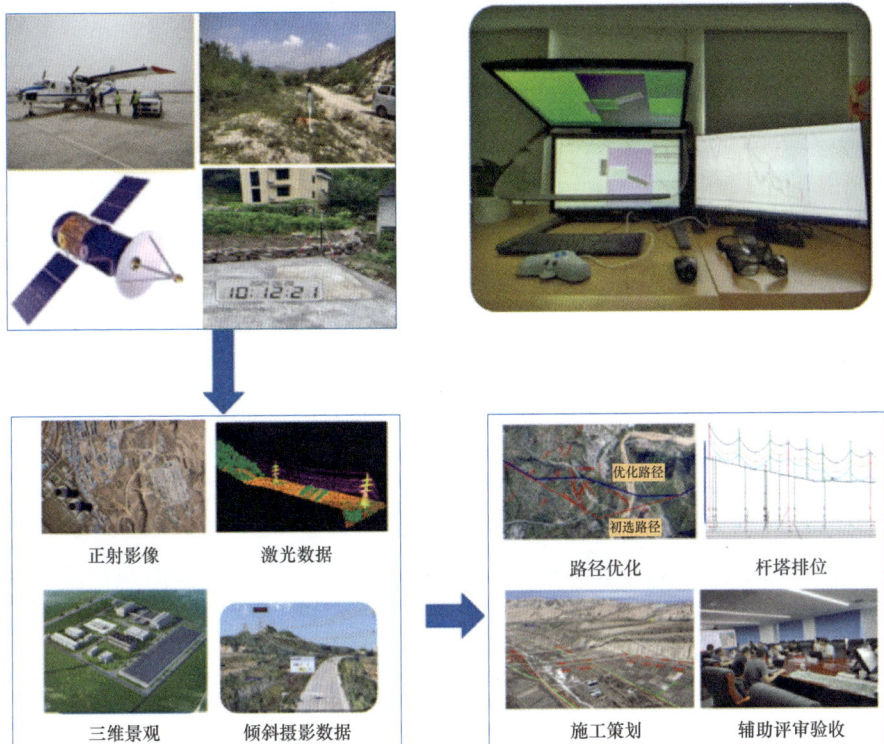

图3-8 海拉瓦技术

海拉瓦技术在大数据三维数字沙盘构建过程中的应用流程依次为：

（1）对电网建设前期海拉瓦路径优化的各种数据做进一步处理，包括二维、三维数字模型，各种定位数据，多种影像资源，各种电子地图等资料。同时，结合设计信息，将过去只能在海拉瓦全数字摄影测量工作站上运行的各种数据移植到普通计算机上使用，以三维数字沙盘的方式转移到特高压线路施工阶段使用。

（2）基于数字化的三维场景和其他空间数据，并结合施工各阶段的工程实际需求开发各种实用功能模块，应用于施工招投标线路调查、基础施工、组塔施工、架线及附件安装等各施工阶段，为施工方案制订、施工组织和管理等提供技术参考依据和辅助服务。

（3）结合电力工程空间信息建立施工设计资料的"数字化档案"，将前期设计资料、各种工程图纸档案、施工过程中的历史档案等以"电子化"的方式组织起来进行管理和使用。

（4）提供必要的用户交互接口，使得施工单位在施工建设过程中能够与应用平台中的有关数据进行交互，如编辑、修改、下载各种资料以便于编制方案和报告，上传、编辑、保存施工过程中的影像资料等，以形成并完善"数字化档案"。这些接口同时也可供施工单位拓展系统功能使用。

3.2.2 数据融合技术

数据融合技术是指利用计算机对按时序获得的若干观测信息，在一定准则下加以自动分析、综合，以完成所需的决策和评估任务而进行的信息处理技术。数据融合技术包括对各种信息源给出的有用信息进行采集、传输、综合、过滤、相关及合成，以便辅助人们进行态势/环境判定、规划、探测、验证、诊断。

按照所融合数据的种类，可将大数据三维数字沙盘中的数据融合技术分为数据层融合、特征层融合和决策层融合。

（1）数据层融合是直接在采集到的原始数据层上进行的融合，在各种航空摄影设备和传感器的原始测报未经预处理之前就进行数据的综合与分析。数据层融合一般采用集中式融合体系进行融合处理。这是低层次的融合，如通过对包含某一输变电工程的某一像素的模糊图像进行图像处理来确认目标属性的过程，就属于数据层融合。

（2）特征层融合属于中间层次的融合，它先对来自各种航空摄影设备和传感器的原始信息进行特征提取，然后对特征信息进行综合分析和处理。特征层融合的优点在于实现了可观的信息压缩，有利于实时处理，并且由于所提取的特征直接与决策分析有关，因而融合结果能最大限度地给出决策分析所需要的特征信息。

（3）决策层融合通过不同类型的航空摄影设备和传感器观测同一个目标，每个传感设备在本地完成基本的处理，其中包括预处理、特征抽取、识别或判决，以建立对所观察目标的初步结论。然后，通过关联处理进行决策层融合判决，最终获得联合推断结果。

大数据三维数字沙盘将多途径获取的多维信息进行融合，并提取特性信息，在推理机作用下，将特征与知识库中的知识匹配，做出故障诊断决策，提供给用户。在基于信息融合的故障诊断系统中，可以加入自学习模块，故障决策经自学习模块反馈给知识库，并对相应的置信度因子进行修改，从而更新知识库。同时，自学习模块能根据知识库中的知识和用户对系统提问的动态应答进行推理，以获得新知识，总结新经验，实现专家系统的自学习功能。数据融合技术流程如图 3-9 所示。

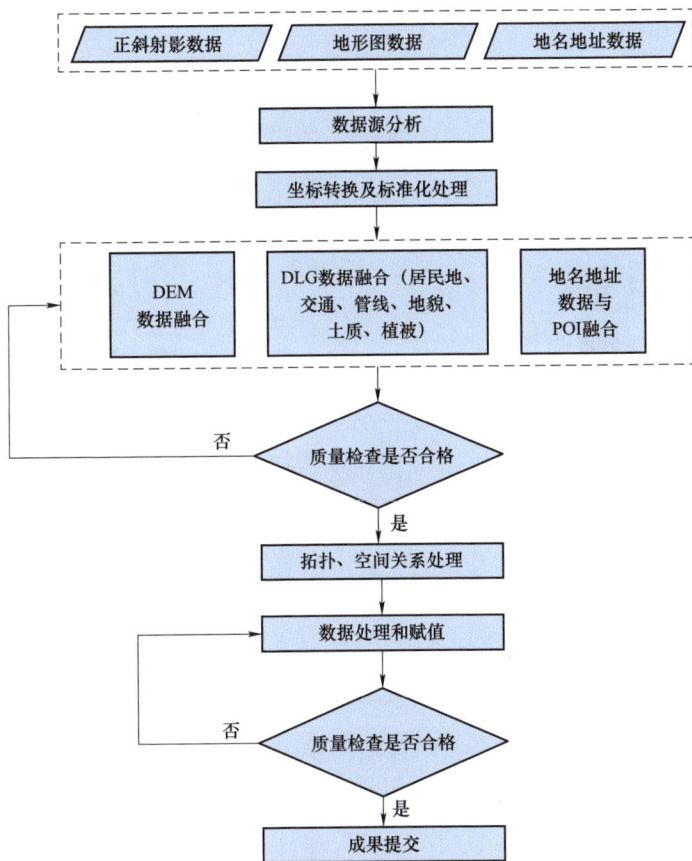

图 3-9 数据融合技术流程

3.2.3 数字孪生技术

数字孪生技术是指充分利用物理模型、传感器更新、运行历史等数据，集

51

成多学科、多物理量、多尺度、多概率的仿真过程，在虚拟空间中完成映射，从而反映相对应的实体装备的全生命周期过程的信息共享技术。工程中，常用的数字孪生五维模型如图3-10所示。

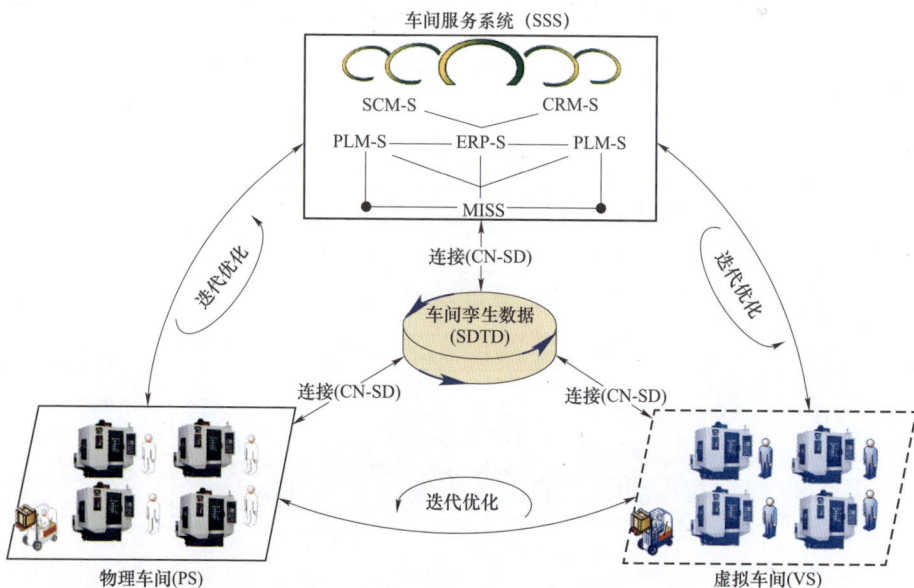

图3-10 数字孪生五维模型

随着无线传感网络、5G、无人机巡线、可视化等新技术在输电线路场景的引入，极大地提高了输电线路运维效率，并且也为输电线路的智能化提供了基础设施和数据基础，但还未达到输电线路运行状态的全面感知与智能分析的要求，数字孪生技术的快速发展为解决这些问题提供了新的思路。数字孪生技术建立输变电工程构件的三维模型、搭建虚拟施工环境、定义构件的先后顺序、对施工过程进行虚拟仿真，对施工方案进行实时、交互和逼真的模拟，进而对已有的施工方案进行验证、优化和完善，逐步替代传统的施工方案编制方式和方案操作流程。

数字孪生技术能预知在实际输变电施工过程中可能碰到的问题，提前避免和减少返工及资源浪费的现象，优化施工方案，合理配置施工资源，节省施工成本，加快施工进度和控制施工质量。

3.3　数字沙盘基础环境搭建

搭建大数据三维数字沙盘基础环境，首先需要采集输变电工程地理信息数据，明确输电线路通道及变电站周边范围内的地理特征分布及其高差变化。其次，获取输变电工程本体信息数据，进行输电线路杆塔、基础、绝缘子串、交叉跨越物及变电站配电装置与构架等电力设备的精细化建模。最后，利用三维地理信息平台对输变电工程范围内的影像、地形、通道地物、电网设备等特征数据进行融合展示，完成输变电工程三维数字化场景的搭建，实现大数据三维数字沙盘基础环境的可视化表达。

3.3.1　工程地理信息数据采集

工程地理信息数据包括基础地理信息数据、电网专题数据、电网空间数据、输电线路通道数据和工程勘测数据。

基础地理信息数据可通过航空遥感技术进行获取。航空遥感数据采集是利用可见光、红外、微波等遥感器采集地面环境辐射或反射的电磁波，通过分析不同区域电磁波信号的波段、强度和频率等特征，确定输变电工程周围区域植被、山体、水体的分布情况。利用航空遥感技术获取的基础地理信息数据类型分为正射影像、倾斜影像和激光点云等。正射影像是指利用数字高程模型对扫描处理的数字化的遥感影像（单色/彩色），经逐个像元进行投影差改正，再按影像镶嵌，最后根据图幅范围剪裁生成的影像。倾斜摄影数据是指在同一个飞行器上搭载多台传感器，同时从一个垂直、四个倾斜等五个不同的角度采集的影像数据。激光点云是指利用激光雷达系统对地面扫描获得地面反射点的三维坐标的集合，激光点云数据不仅可以精准呈现输电通道基础地理信息的分布情况，而且可以获取地物的高度信息，在实际工程中被广泛应用。获取的激光点云数据经处理后得到的基础地理纹理信息数据如图 3-11 所示。

(a)

(b)

(c)

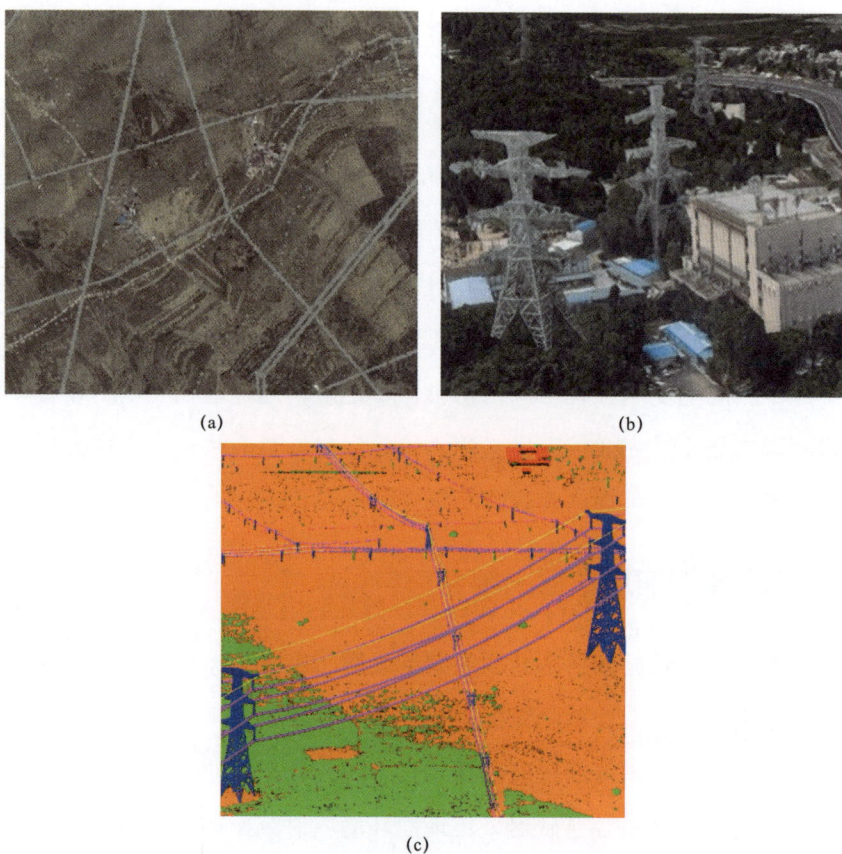

图 3-11　基础地理纹理信息数据
(a) 正射影像；(b) 倾斜摄影；(c) 激光点云

　　电网专题数据、电网空间数据、输电线路通道数据和工程勘测数据需要进行现场采集或资料收资得到。电网专题数据包括风速、覆冰、污秽、地震、舞动、雷害、鸟害等区划数据；电网空间数据包括各类发电厂（场）站、线路、变电站、换流站、开关站、串补站等数据；输电线路通道数据包括线路通道范围内重要的规划区、环境敏感点、矿产厂区、交叉跨越和通道清理等数据，其中交叉跨越和通道清理等数据应为矢量数据；工程勘测数据以工程测量数据为主，还可包括水文、气象、地质、物探等专业数据。

3.3.2 输变电工程本体建模

目前，在桥梁、道路和楼房等工程项目的设计与施工过程中，为实现各参与方在同一多维模型基础上的数据共享，使用统一的数据标准，即 BIM。BIM 是以三维数字技术为基础，集成建筑工程项目各种相关信息的工程数据模型，是对工程项相关信息详尽的数字化表达。相较于 BIM 模型，国家电网公司为满足输变电工程三维设计及在不同平台间电力系统各个组成部分的信息交互和深化应用需要，制定了电网信息模型（GIM）。GIM 对输变电工程相关设备及对应的位置、属性信息进行存储，包括电网拓扑信息、设备参数信息和线路状态信息等多方面信息。

输电线路的设备类型，包括杆塔、基础、绝缘子串、交叉跨越物等。杆塔建模类型按结构型式分为桁架塔和输电杆；基础模型包括各类基础，如桩基础、岩石基础、掏挖基础等；绝缘子串由金具和绝缘子组成；交叉跨越物包括线路通道范围内的铁路、公路、房屋、林木、河流、架空线路等。与输电线路设备相比，变电站的设备类型有所不同。根据其作用的区别，分为一次设备和二次设备。直接参与生产、输送和分配电能的设备称为一次设备，主要包括电气接线、电气设备及继电保护配置等；对一次设备的工作状况进行检测、控制和保护的辅助性电气设备称为二次设备，如保护装置、测控装置及通信消防装置等。

GIM 统一了模型构架和数据交互格式，以满足输变电工程三维设计的需要，可以实现设计成果的多环节共享，全面数字化移交，有利于提高生产运维管理水平，同时为构建数字电网奠定基础，使数据在整个工程全生命周期中进行流转。

3.3.3 三维数字化场景搭建

获取工程地理信息及输变电工程本体模型后，利用三维地理信息系统搭建数字化场景。三维地理信息系统将获取的输电线路通道工程地理信息及其本体数据进行存储、处理、运算和分析，完成对地表模型、空间环境信息和设备信息数据的交互式查询与分析，立体形象地展示了输电线路与周围空间环境的相对位置的关系，为输电线路的设计和施工提供数据支持和信息服务。

目前，普遍使用的三维地理信息平台有 Skyline、SuperMap、NSC-Globe 和 Cesium。Skyline 是一个强大的三维地理信息平台，它支持交互式绘图工具，提供三维测量及地形分析等功能。然而，Skyline 平台不支持对象的高亮显示，而且 Skyline 平台的网络搭建能力较弱，需要借助其他工具和服务，且这些工具和服务需要额外付费。SuperMap 是超图软件研发的面向各行业应用开发、二三维制图与可视化、决策分析的大型 GIS 基础软件系列，包含云 GIS 服务器、边缘 GIS 服务器、端 GIS 及在线 GIS 平台等多种软件产品。NSC-Globe 是自主研发的三维地理信息平台，该平台利用多源、多尺度空间数据与分布式管理技术及网络环境下异构 GIS 数据集成与互操作技术，创建了基于网格渐进传输的三维调度与渲染引擎。Cesium 作为新一代的开源三维引擎框架，通过 HTML5 网页标准和 WebGL 技术规范实现动态的三维场景显示和渲染，无须安装插件即可创建具有最佳性能、精度、视觉质量和易用性的世界级三维地球影像和地图。Cesium 在数字地球项目的应用上有着巨大的优势，能够以 2D、2.5D 和 3D 形式展示的多种地图，无须编写代码，支持地理信息数据动态可视化，并提供高性能和高精度的内置方法。经过综合对比选型，结合沙盘业务需求，采用 Cesium 三维引擎框架进行大数据三维数字沙盘构建。

在依次完成输变电工程地理信息数据的采集和本体的建模后，可利用三维地理信息平台对输变电工程范围内的影像、地形、通道地物、电网设备等数据进行融合展示，实现工程区域地理环境的可视化表达，从而完成输变电工程数字化场景的搭建。

在 GIM 成果使用之前，需对成果进行解析处理。在获取 GIM 文件后，首先解压文件得到参数信息，其中，参数信息包括头部信息、模型信息和位置信息。根据头部信息得到 GIM 类型，依据 GIM 规范和 GIM 类型构建工程层级关系，遍历工程层级关系，依据位置信息叠加各个层级的矩阵关系得到模型位置，在模型位置添加各类的模型信息。在建模过程中，将各个组成部分模型作为统一数据库，并采用数据复用方式加载模型；模型的渲染采用三角面片的方式，通过三角剖分的方法来重建物体表面的三角面，从而实现数据的一致性，并提升建模精度。

影像地形采用影像金字塔的方式加载。影像金字塔是按照一定规则生成的一系列分辨率由细到粗的图像的集合。影像金字塔技术通过影像重采样方法，建立一系列不同分辨率的影像图层，每个图层分割存储，并建立相应的空间索引机制，从而提高缩放浏览影像时的显示速度。为影像建立影像金字塔之后，以后每次浏览该影像，系统都会获取其影像金字塔来显示数据，当影像放大或缩小时，系统会自动基于显示比例尺选择最合适的金字塔等级来显示该影像。建立影像金字塔可以显著地提高影像地形缩放显示渲染的速度和性能，对于海量影像地形数据，创建金字塔是一种优化效率的选择。可以超快地显示影像地形数据，即使在很低配置的机器上也能非常流畅地对海量数据进行显示。

通过将这些数据与三维模型相结合，不仅可以直观展示输变电工程的布局，还可以结合参数信息进行碰撞检测和方案设计等工作。三维数字化场景搭建流程如图 3 - 12 所示。

3.4　数字沙盘构建

3.4.1　沙盘统筹管理

统筹管理作为数字沙盘主要界面，实现工程概况及策划成果的宏观展示，同时支持施工过程中对各项策划方案的监督落实管理功能，线路工程统筹管理如图 3 - 13 所示。大数据三维数字沙盘对工程概况、施工策划、施工投入、施工风险、技术监督及施工进度等进行统筹管理。通过沙盘三维场景交互分析，实现策划成果、资源/风险位置等关键要素的可视化展示及方案信息查询，做到工程管理运筹帷幄。

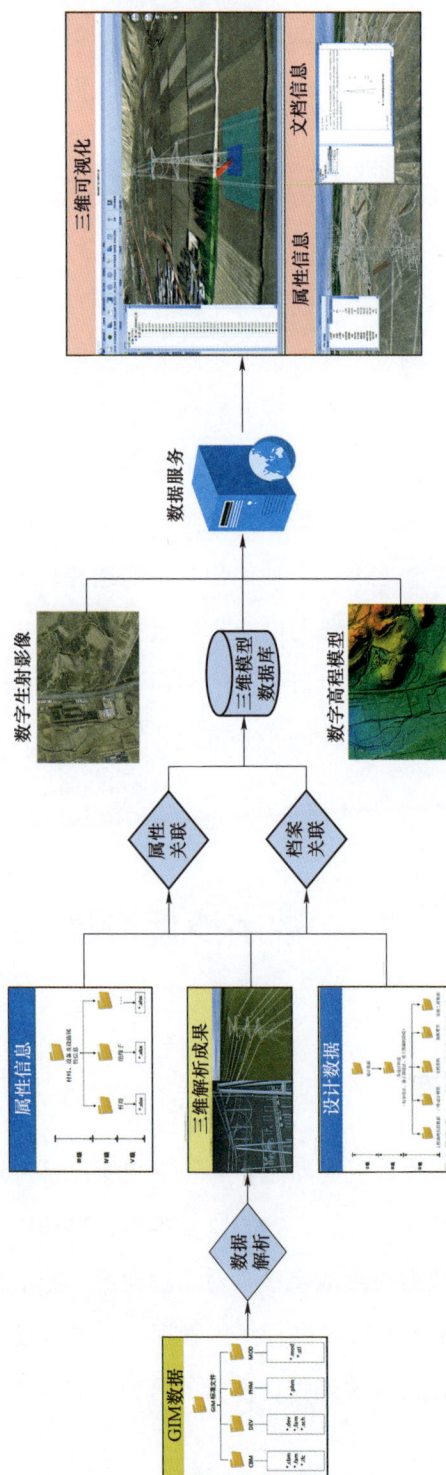

图 3-12 三维数字化场景搭建流程

图 3-13 线路工程统筹管理

1. 线路工程

（1）工程概况。线路工程概况主要包含施工周期、线路总长度、杆塔数量和参建单位等信息。通过工程概况信息，设计和施工人员可以制订出更科学合理的施工方案、进度控制策略，提高工程管理的效果和决策的准确性。

（2）施工策划。工程开工前，需根据工程特点开展施工方案策划。施工策划统筹管理主要聚焦道路、永临占地和运输方案三个方面内容。

1）道路：施工策划时按照优先利旧原则，充分利用已有公路，统计已有道路长度，同时考虑对原有道路进行修缮、拓宽，统计修缮道路、拓宽道路长度；然后，依据最低经济投入原则，完成新增道路的规划，并统计新修道路的长度。通过对道路的统计与分析，方便对运输工程量的计算。

2）永临占地：包含塔位施工永久、临时占地，考虑交通、环保等因素，原则上尽量使用空闲地、少占或尽量不占耕地，对永临占地范围进行规划，通过对永临占地面积及类型进行统计与分析，支撑土地赔偿实施。

3）运输方案：包括材料站或中转站到逐基杆塔的运输方案，按照运输距离最短原则，将临时道路与已有道路进行网络拓扑构建，合理规划运输方案，减少运输折返，提高施工器具的运输效率，支撑施工建设实施。

（3）施工投入。在施工方案策划的基础上，根据基础、组塔、架线的施工工序开展人员、机械、物料等合理分配。其中，施工人员投入包含工作负责人、机械操作员、普工和技工的工作时长；施工物料投入包含混凝土、钢材、塔材和导线的投入量；施工机械投入包含从物料运输到基坑开挖，最后到附件安装过程中各类机械的应用情况。

施工投入计划的统筹管理，可以通过对施工人员配置、工艺任务分配、设备/物料配置等内容的投入配置，采用三维可视化场景方式对人、机、料按照时间/投入进行动画模拟推演，更好地支撑流水化施工，服务工程建设。

（4）风险管控。根据施工风险可能导致的后果，将线路工程基础、组塔、架线、拆除等关键环节风险分为五个等级，并结合三维场景进行风险位置标识，根据现场施工情况，每日对风险状态进行销号管理，特别对于未销号的风险点，提供风险的追踪功能。同时，对整个工程风险销号进度情况进行统计分析。

（5）技术监督。技术监督按照分级、分项管理的原则，对线路工程中设备质量检测对象（输电杆塔、导地线、金具、绝缘子等）、基础质量检测对象（水泥、砂、石、水、商混类、混凝土外加剂、土工）等进行分项管理，统计并显示设备与基础的检测总体结果。技术监督有效衔接质量检测项与质量验收项，通过对设备材料质量检测、基础质量检测结果和过程资料进行管控。

（6）进度管理。进度管理按基础、组塔和架线 3 个主要工序对施工进度进行可视化呈现，通过实际进度与计划进度的对比，实现逐基塔位施工超前/滞后的自动预警，提高施工精细化管理水平，施工可视化管理情况如图 3－14 和图 3－15 所示。

2. 变电工程

（1）工程概况。变电工程概况主要内容包含工程名称、施工周期、电压等级、变电容量及参建单位等信息，一目了然地掌握工程基本信息。

（2）施工策划。根据变电工程施工特点对吊车路径、吊装位置、物料堆放三个方面的内容进行整体策划。

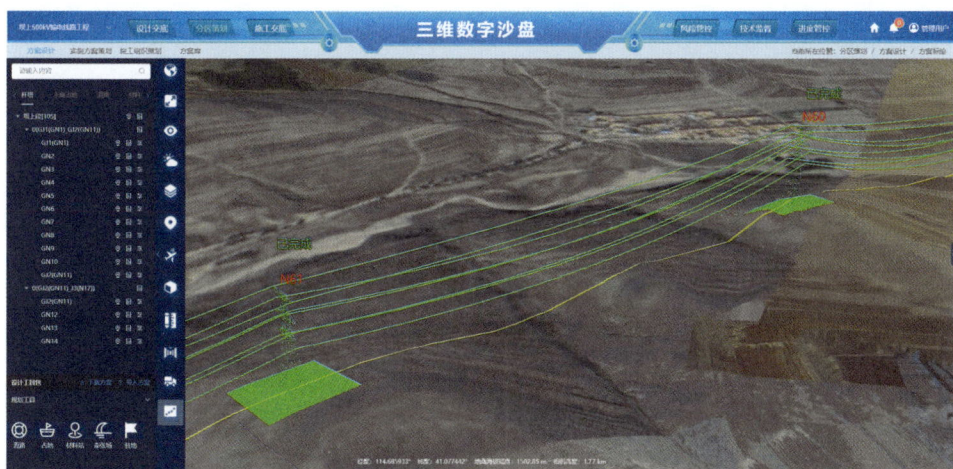

图 3-14 进度可视化情况

图 3-15 变电工程统筹管理

1）吊车路径：结合变电站施工计划统筹安排，明确场站内不同设备的施工时间，根据场地布置情况和吊车装备参数等信息，开展施工期间吊车行驶区域策划，包括路径宽度、路径长度、行进方向、空间位置等信息。同时，依据工程投入经济原则，完成吊车行进路径规划，以更好地指导后续施工建设。

2）吊装位置：结合吊车装备参数、变电站设计方案，开展吊装位置选择，明确并参数化单次吊装最大重量、吊装安全作业区域、吊装设备旋转角等要素的基础上，利用 GIS 空间分析技术，从吊装作业效率、吊装作业安全、吊装作业合理性等三个方面开展吊装位置策划，实现吊装位置成果在三维数字沙盘场景的可视化展示。

3）物料堆放：根据场站内布置安排，优先选择不影响施工的区域作为物料堆放备选区域，结合实际施工过程中涉及的物料运输、物料规模、物料类型等要素开展物料堆放位置策划，明确物料堆放数量、类型与区域，实现物料堆放信息的可视化展示。

（3）施工投入。在施工方案策划的基础上，根据构架设施安装、母线设备安装、配电装置安装的施工工序开展合理的人员、机械、物料等合理分配。其中，施工人员投入包含工作负责人、机械操作员、普工和技工的工作时长；施工物料投入包含钢构架、导线、铝管母线、500kV HGIS 的投入量，施工机械主要包含 150t 吊车、25t 吊车、卷扬机等重大机械设备数量。从管理角度实现对施工投入统计分析，便于强化施工投入督促。

（4）风险管控。根据施工风险可能导致的后果，将变电工程构架安装、母线安装、配电装置安装等关键工序风险分为五个等级，并结合三维场景进行风险位置标识，根据现场施工情况，每日对风险状态进行销号管理，特别对于未销号的风险点，提供风险的追踪功能。同时，对整个工程风险销号进度情况进行统计分析。

（5）技术监督。技术监督按照分级、分项管理的原则，对变电工程设备质量检测对象（钢结构、水泥和砂等）、基础质量检测对象（石、水、商混类、混凝土外加剂、钢筋类和土工等）进行分项管理，统计并显示设备与基础的检测总体结果，有效衔接质量检测项与质量验收项，通过对检测结果和过程资料进行管理，确保工程建设质量。

（6）进度管理。进度管理按构架设施安装、母线设备安装和配电装置安装三个主要工序的施工进度进行可视化呈现。进度管理通过实际进度与计划进度的对比，实现超前/滞后信息的分析和预警。

3.4.2　具象化设计交底

传统输变电交底方式通常采用图纸文档资料的形式交付，存在交底信息表达不直观、难以充分利用设计成果开展施工方案深化设计、缺少可视化平台等问题，影响了施工方案设计的效率。为此，基于三维可视化技术，通过交底成果可视化、交底单编制、三维场景交互等手段，结合 BIM、地理信息技术和通道数据，将设计交底内容进行三维表达，优化现有施工交底方式，使参与输变电工程建设的设计方、施工方和监理方等多方单位更好地了解工程的基本信息、施工工期要求、设计参数、施工物料要求及施工安全事项。

3.4.2.1　设计交底单管理

设计交底单是指施工设计图完成并经审查合格后，设计单位向施工单位和监理单位交付的施工文件。当前，设计交底单管理存在模板不统一、管理不规范等问题，影响了设计交底的质量与效率。因此，为了更好地向施工单位和监理单位进行设计交底，依托历史交底单资料成果构建了设计交底单模板，并结合设计信息智能化生成交底单，提高交底质量与工作效率。

1. 设计交底单模板

通过对现有设计交底文件进行梳理，提取通用部分编制为标准模板，包含交底卷册基本信息、交底卷册设计情况、标准工艺应用和施工注意事项四部分内容。其中，交底卷册基本信息包括交底会议时间人员等信息；交底卷册设计情况主要是对输变电工程基本建设条件进行描述；标准工艺应用主要是对施工中所采用的相关设备、器材、环境等进行标准化阐述；施工注意事项主要是对输变电工程建设过程中的注意事项进行说明。标准化交底单模板确保了交底内容的全面性和规范性，模板内容如下：

（1）线路工程设计交底单模板，如图 3-16 所示。

1）交底卷册基本信息：包括会议地点、会议时间、参会人员、交底阶段等内容。

2）交底卷册设计情况：包括设计依据、工程概况、工程特点及难点的说明。

3）标准工艺应用：包括对基础设计、杆塔结构设计、绝缘子串组装设计、设备设计（设备选型）等图纸的要求，对使用新材料、新技术、新工艺的要求等。

4）施工注意事项：包括对施工弃土弃渣集中的要求、土石料扬尘处理和夜间施工规范的说明，以及基础、绝缘子串、杆塔结构、交叉跨越等施工的要求。

图 3-16 线路工程设计交底单模板

（2）变电工程设计交底单模板，如图 3-17 所示。

1）交底卷册基本信息：包括会议地点、会议时间、参会人员、交底阶段等内容。

2）交底卷册设计情况：包括设计依据、工程概况、工程特点及难点的说明。

3）标准工艺应用：包括设备要求、变压器配置、设备设计（设备选型）等图纸的要求、对使用新材料、新技术、新工艺的要求。

4）施工注意事项：包括对施工弃土弃渣集中的要求、土石料扬尘处理和夜间施工规范的说明，以及进场路线、环保水保、夜间施工等要求。

2. 设计交底单编辑

基于设计交底单模板与设计信息生成初步设计交底单，对交底单中基本信息、工程难点、工程特点等信息进行进一步补充完善，形成最终设计交底成果。同时，可对设计交底单进行内容查找、成果提交、成果导出与历史版本管理。

其中，交底单的内容查找方便使用人员及时获取所需信息；交底单的提交与导出可以灵活、高效地进行数据管理。设计交底单编辑如图 3－18 所示。

图 3－17　变电工程设计交底单模板

图 3－18　设计交底单编辑

历史版本查看能够帮助工程管理人员回溯和比较不同版本的交底成果，追踪变更的内容和原因，确保变更得到妥善处理。设计交底单管理如图 3－19 所示。

图 3－19　设计交底单管理

3.4.2.2　文模关联

为了更直观地展示设计交底成果，根据施工对象将设计交底单中内容与对应的三维模型进行关联，即文模关联。通过这一方式，使用人员可以直接查看与模型相关的文字描述，了解设计细节、参数、材料等信息。同时，也可以在文字资料中直接定位到对应的三维模型，进行实时预览和交互操作。文模关联如图 3-20 所示。通过文模关联技术，设计交底有以下提升：

（1）提高沟通效率。通过文模关联，设计、施工、监理等各方人员可以在同一平台上进行协同工作，减少信息传递的误差和延误，提高沟通效率。

（2）增强成果展示。利用三维模型直观展示设计交底成果，使得成果更易于理解和接受，提高展示效果。

（3）便于成果检查。通过文模关联，工程管理人员可以快速定位到设计交底成果中的关键部分，进行详细的检查和核验，确保成果质量。

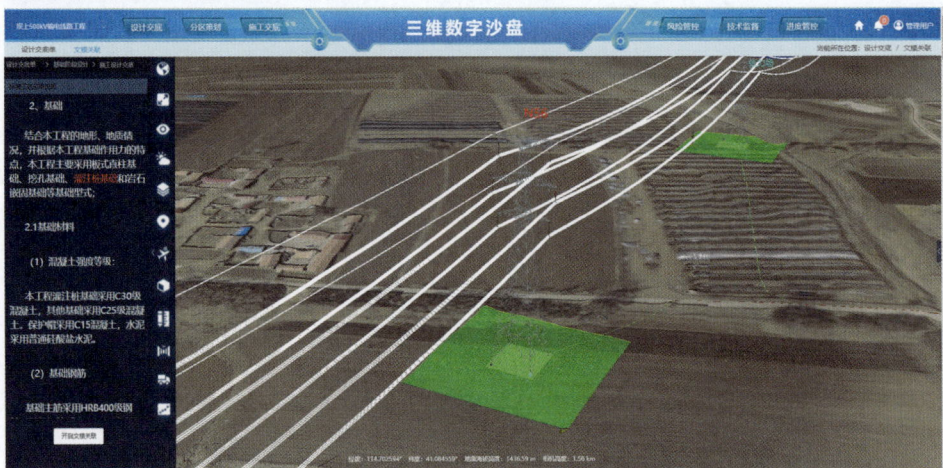

图 3-20　文模关联

3.4.3　分区策划

现有的输变电工程施工分区策划主要是基于奥维地图等信息化的手段开展。但由于其数据精度、时效性不足，导致后续设计方案出现反复修改的情况，项目单位需要耗费大量人力、物力进行现场复测。基于高精度航拍成果、GIM及工程设计信息形成的三维场景开展施工方案设计，旨在提高施工设计方案质量。

3.4.3.1 线路工程分区策划

架空输电线路的分区策划以放线段进行分区、塔位为单元开展方案设计，主要包括方案设计、实施方案策划与施工策划方案。其中，方案设计包括施工方案标绘、单基策划、运输方案策划三部分；实施方案策划包括三跨方案设计、放线施工设计、施工场地布置三部分。通过分区策划，可以有效减少现场踏勘工作、提高施工效率、压降施工风险，为线路工程施工提供支持。

3.4.3.1.1 方案设计

基于实测实量技术对临时道路、场地规划、运输方案及重要区段开展方案设计，可以提升设计方案可行性与深度，支撑通道清理工作开展及工程量计算。

1. 施工方案标绘

结合施工工艺和施工要求，对施工道路、永临占地、材料站、牵张场、班组驻地开展选址与设计。

（1）施工道路规划。依据修建方式的不同，施工道路分为已有道路、新建道路、拓宽道路、平整道路和修缮道路，施工道路类型的划分见表 3－1。

表 3－1　　　　　　　　　　施工道路类型的划分

名称	详细说明
已有道路	已经建成并投入使用的道路，是道路网络中的一部分，已经具备完整的建设标准、路面结构和标志标线
新建道路	在施工期间或特定时间内，为了满足施工车辆、设备和人员的通行需求而临时建造的道路
拓宽道路	在原有道路的基础上，通过增加道路的宽度、车道数量等方式拓宽的道路
平整道路	对已有道路中坡度不满足要求的，进行道路平整后的道路
修缮道路	在某些工程项目中，如路桥改建翻新等，对原有道路进行一定程度的修缮后形成的道路

施工道路的修建需根据实际情况与施工设计进行，不同道路类型要考虑的因素有所不同，具体要求如下：

1）对于已有道路，需对道路宽度、地面平整度、坡度、承载力等进行现场踏勘，对于不符合机械通行条件的道路，可以进行拓宽、平整或修缮处理，使其满足施工机械、材料运输的要求。

2）对于无道路区域，可以修筑临时道路或临时栈桥，便于施工机械通行和材料的运输。

根据已有道路信息与塔基坐标，标绘拓宽、平整、修缮道路；无道路区域根据地形与周边道路自动标绘新建道路，施工道路规划如图 3-21 所示。

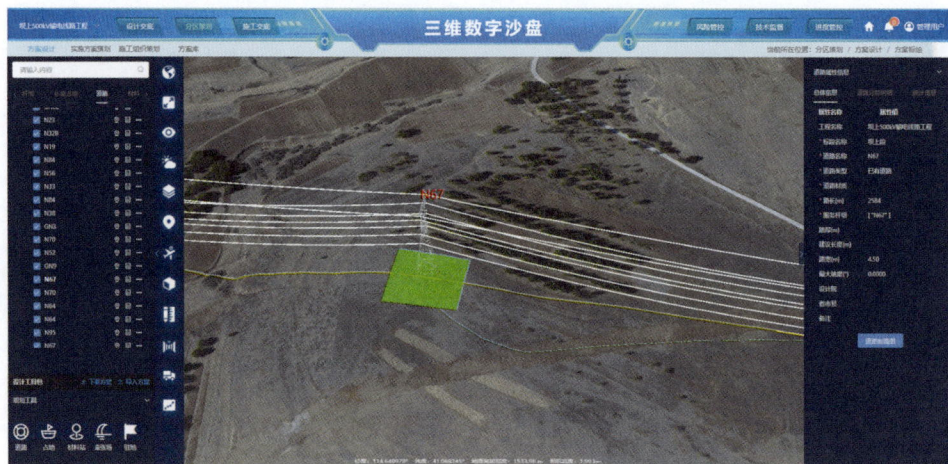

图 3-21　施工道路规划

（2）塔基永临占地规划。施工占地是指工程建设施工需要永久占用或在施工期间临时使用的国有或者农民集体所有的土地，包括因临时建筑或其他设施而使用的土地。塔基永临占地主要由永久占地及临时占地构成。临时占地主要由塔基临时占地和其他临时占地组成，塔基临时占地主要涉及基础施工临时占地、杆塔施工临时占地、运输道路临时占地、辅助工程临时占地等。永临占地的规划原则如下：

1）施工占地必须满足施工作业要求，在保证施工要求的前提下，尽可能保持占地面积的最小化。

2）需结合地形、地质特点及运输条件进行占地设计，尽量避免占用农用地与建设用地，选择未利用土地。

永久占地根据杆塔设计成果自动生成，临时占地根据永久占地进行扩充形成初步方案，再人工进行方案调整，永临占地规划如图3-22所示。

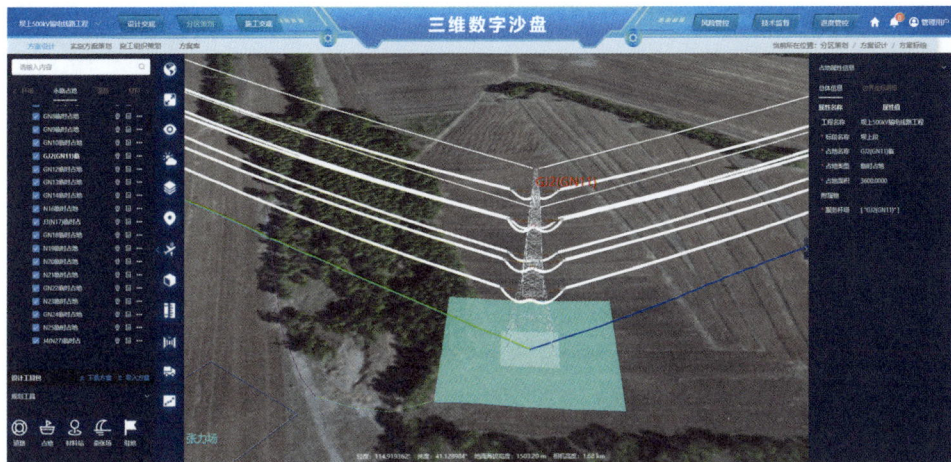

图 3-22　永临占地规划

（3）材料站选址。材料站是指为输电线路施工提供所需材料和设备的场所。在输电线路的施工过程中，材料站负责存放施工所需的各种材料和设备，包括但不限于导线、电缆、杆件、避雷器、绝缘子等，以及各种吊车、起重机等施工设备。材料站选址原则包括：

1）材料站根据所服务杆塔位置进行选址，通常以每60km一个材料站进行设计，保证到服务塔位整体路径最短。

2）材料站需选择场地宽阔，便于材料堆放及施工机械停放的区域。

3）应尽可能靠近交通干道，减少运输过程中的障碍和限制，避开居民区，减少噪声对居民的影响。

根据地形、路网等信息自动推荐材料站位置，人工基于推荐方案根据实际情况进行优化，材料站选址如图3-23所示。

（4）牵张场选址。牵张场是输电线路施工中用于张力放线的场地，包括牵引场和张力场。牵引场和张力场分别位于放线区段的两端，用于放置相关的设备和材料。牵张场的主要功能是在张力放线过程中提供必要的设备和场地支持。

图 3-23　材料站选址

牵张场选址依据所属放线段进行管理，根据具体的施工组织设计和实际情况，所要考虑的因素也有所不同。以下是牵张场选址设计时需考虑的因素：

1）牵张场地应满足牵引机、张力机能直接运达到位，且道路修补量不大；桥梁载重能满足承载力不小于 250kN 的要求。

2）地形应平坦，能满足布置牵张设备、布置导线及施工操作要求。

3）场地面积不应小于：张力场 55m×25m；牵引场 30m×25m。

4）牵张场的相邻直线塔应允许作过轮临锚。一般情况下，要求过轮临锚的条件是：① 锚线对地夹角不大于 25°；② 锚线及导线压接无特殊困难。

5）牵引机、张力机出口与邻塔悬挂点间的高差角不应超过 15°。

6）一般情况下，张力场不应转向布置。受地形限制，牵引场选场难以满足上述规定时，可通过转向滑轮进行转向布置。

在考虑每个放线段张力场杆塔、牵引场杆塔、区段长度、杆塔数量等信息的基础上实现智能化牵张场选址，根据推荐选址方案进行人工比选后确定最终方案，辅助牵张场选址。牵张场选址如图 3-24 所示。

（5）班组驻地选址，如图 3-25 所示。班组驻地是为了解决施工单位食宿、办公问题，方便人员快速到达施工现场而建设的设施。由于每个班组施工人员数量各不相同，为确定最优选址方案，根据不同班组信息及服务杆塔位置进行

了精细化选址。班组驻地选址原则如下:

1) 驻地为方便施工人员快速到达现场,需依据塔位施工位置选址,选址应尽量靠近施工场地,减少通勤时间。

2) 选址应避开滑坡体地段、河道边、水库下游沟边、山谷底、低凹处、取土场和未经碾压的弃土场等确保驻地安全。

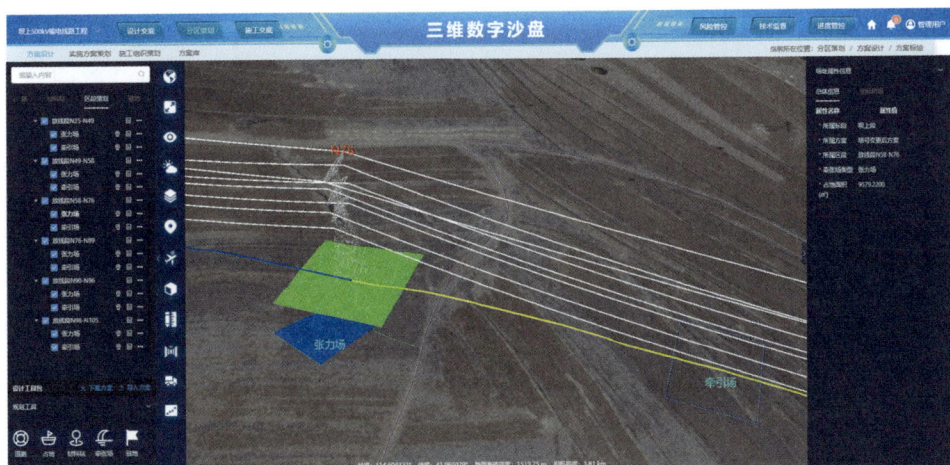

图 3-24　牵张场选址

图 3-25　班组驻地选址

2. 单基策划

单基策划是针对单个塔位的施工信息进行策划的过程,涉及设计信息、地貌及地质信息、道路修建情况、施工装备情况、塔基地物情况、档内地物跨越情况、环保水保信息等多个方面。

（1）设计信息，如图 3-26 所示。单基策划中设计信息是指每基杆塔的设计参数、占地信息、塔腿配置等。其中，设计参数主要包括杆塔号、桩位号、推荐塔型、呼高、推荐基础型式、铁塔全高、铁塔重量、转角度数、塔位坐标、塔基信息等；占地信息包括永久占地面积、临时占地面积；塔腿配置信息包括基础半根开、原始顶面标高、基础顶面标高、接退配置、基础规格、基础图号、立柱直径/桩径、埋深、基础耗混凝土等。

图 3-26　设计信息

（2）地貌及地质信息，如图 3-27 所示。地貌地质信息影响着输电线路杆塔施工的诸多方面。杆塔基础的承载力和稳定性对不同的地貌类型（如平地、丘陵、山地等）和地质条件（如土壤类型、岩石类型、地下水情况等）有不同的要求。地形地貌条件，如坡度、高差、地貌等，会影响塔基的施工难度和成本，在复杂地形条件下，可能需要采用特殊的施工方法或增加施工投入。考虑地质条件可以确保塔基的稳定性和安全性，避免由于地面承载力不足因素导致的施工事故或安全隐患。

地质地貌信息包括地质参数、地形地貌、地层名称、岩土特性描述、地层厚度、地层描述、塔位照片等。通过对地貌地质信息的分析，可以准确评估塔基的承载能力和稳定性，确保塔基在各种环境条件下都能保持稳定和安全。

图 3-27 地貌及地质信息

（3）临时道路修建情况，如图 3-28 所示。基于标绘道路信息，依据道路划分原则，统计服务于当前杆塔的所有道路，包括道路类型、道路材质、道路长度、道路宽度、路面厚度等信息。

图 3-28 临时道路修建情况

（4）施工装备选型。施工装备选型需要考虑地形、施工工序、施工道路、运输材料等信息，为提高单基策划施工装备选型效率，构建装备库支撑施工装备自动化选型。

机械设备选型通用方案库依据国网施工装备典型库构建，依据适用地形与参与的施工工序划分，该方案库包含了各类施工机械设备的基本信息、性能参数、适用范围等，机械设备通用方案如图 3-29 所示。

图 3-29　机械设备通用方案

基于机械设备通用方案库，可根据塔位道路信息、地质及地貌信息，以及施工工序进行自动化装备选型，并统计机械的主要工序、装备类型、装备型号等信息，施工装备情况如图 3-30 所示。

（5）塔基地物信息。为了保障施工的安全顺利进行，需要对塔基占地进行协议办理与塔基地物清理维护。通过全面、准确地掌握塔基周边附着物信息，可以为塔基施工提供施工方案参考，主要包括地物所属行政区、地物类型、土地类型、附属塔基、地物名称、附着物等。塔基地物信息统计如图 3-31 所示。

图 3-30　施工装备情况

图 3-31　塔基地物信息统计

（6）档内地物跨越信息，如图 3-32 所示。在输电线路施工之前，需要对档内地物跨越信息进行全面的调查和分析，档内跨越地物主要有树木、房屋、公路、铁路与电力线等，地物信息包括跨越档、跨越物名称、跨越高度、所有权、跨越方式、跨越临时用地、跨越施工等，其信息有助于施工人员与施工管理人员了解现场环境，辅助施工方案设计决策。

（7）环保水保方案，如图 3-33 所示。杆塔施工对自然环境可能产生直接或间接的影响，考虑环保水保方案有助于避免或减少对这些生态系统的破坏，保护生物多样性。杆塔施工应尽可能减少对基础周边自然景观的破坏，减少对自然风光的负面影响。

图 3-32　档内地物跨越信息

图 3-33　环保水保方案

环保水保方案包括余土量统计、余土处理方式、弃石量统计、弃石处理方式、弃土堆放点、建议附属设施与建议恢复措施几个方面，通过制定有效的余土、弃石处理方式，选择堆放点与建议恢复措施，来减少对环境的影响。

3. 运输方案策划

运输方案策划是基于已有道路、新建道路、拓宽道路、平整道路及修缮道路，根据道路路宽、道路承载力、转弯半径等属性进行材料站到塔基运输方案的自动规划。传统运输方案策划大多数基于导航软件进行，所策划方案没有考虑道路承载力、转弯半径等因素，常导致道路无法满足机械通行而折返，增加运输成本。

基于已有道路与拓宽、平整、修缮、新建道路信息，计算塔基到所有材料站最短路径，智能化选择最优运输方案，避免运输过程出现折返的同时提高策划方案的可靠性，运输方案策划如图 3－34 所示。

图 3－34　运输方案策划

3.4.3.1.2　实施方案策划

基于三维可视化技术对工程放线施工、三跨施工、施工场地进行设计，根据施工任务、范围和要求，进行实施方案策划，可以精细化施工方案设计，有效提高施工方案策划的效率与质量。

1. 放线施工设计

放线施工分为张力放线与非张力放线，依据现行行业标准《110kV～750kV架空输电线路张力架线施工工艺导则》（DL/T 5343—2018）的规定，电压等级为 220kV 及以上线路工程的导线展放、110kV 线路工程的导线展放、良导体架空地线均应采用张力放线方式。其他由于条件限制不适于采用张力放线的线路工程及部分改建、扩建工程可采用人力或机械牵引放线。张力放线施工设计准则包括：

（1）张力展放导线设计时，使用多轮滑车除应符合现行行业标准《架空输电线路放线滑车》（DL/T 371—2019）的规定外，其轮槽宽应能顺利通过接续管及其护套。

（2）同相分裂导线宜采用一次或同次展放。分次展放时，时间间隔不宜超过 48h。

（3）放线施工设计中，张力机选择应符合现行行业标准《输电线路张力架线用张力机通用技术条件》（DL/T 1109—2019）的规定。张力机的尾线轴架的制动力与反转力应与张力机相匹配。

（4）张力放线区段的长度不宜超过 20 个放线滑轮，若难以满足要求，应在设计时规定相应防护措施。

（5）张力放线中，经过重要的跨越物时，宜适当缩短张力放线区段的设计长度。

（6）牵引场应顺线路布置。受地形限制时，牵引场可通过转向滑车转向布置。张力场不宜转向布置，特殊情况下，必须转向布置时，转向滑车的位置及角度应满足张力架线的要求。

（7）每相导线放完，应在牵张机前将导线临时锚固，锚线的水平张力不应超过导线设计使用拉断力的 16%，锚固时，同相子导线间的张力应稍有差异，使子导线在空间位置上下错开，与地面净空距离不应小于 5m。

（8）张力放线、紧线及附件安装时，应防止导线和良导体地线损伤，在容易产生损伤处应采取有效的预防措施，损伤的处理应符合下列规定：

基于牵张场选址成果，以放线段为单元进行设计，充分考虑地形、地貌、气象条件等因素，确保方案合理，并对每个放线段进行牵展计算与紧线计算，包括控制挡的水平张力、出口张力、最大牵引力、水平张力及线长、下压力及包络角计算、转向滑车布置校验几部分。在放线模拟三维成果的基础上，利用三维 GIS 平台空间分析功能，制订多个放线施工方案，并根据协议取得情况确定最终放线施工设计方案，提高放线施工设计效率。放线施工设计如图 3-35 所示。

图 3-35　放线施工设计

2. 三跨方案设计

"三跨"输电线路的施工因其风险等级高、影响范围广，对工程管理、设计和施工提出了极高的安全和质量要求。现有的施工方案制订依赖于人工经验和二维图表，难以全面掌握风险点，存在较大的安全隐患。特别当跨越电力线时，跨越施工分为停电和不停电施工，不停电涉及风险校验，需要协调多个部门进行停电，施工方案的合理性直接影响停电周期和施工进度。因此，三跨方案设计通过在三维空间展示封网跨越、跨越架跨越方案，有效提高设计方案的精度。

输电线路三跨方案设计是指针对输配电线路需要跨越铁路、一级及以上公路和重要输电线路（简称三跨）的特定区段，所进行的一种详细、系统的设计规划。其中，铁路包括高速铁路、快速铁路、电气型普速铁路等；公路包括一级公路、高速公路等；重要输电线路包括交、直流特高压电网，战略性输电线路等。对于跨越方式的选择，跨越施工可采用跨越架跨越与无跨越架跨越方式进行。

跨越架跨越是通过在被跨越物体的一侧或两侧搭建高度、宽度满足要求的架体，设置稳定的锚固拉线，为被跨越物上方的封网装置提供承载，进行导地线展放，对新建线路进行隔离、保护，保证被跨越物和跨越架之间的距离符合安全标准，是一种常用的跨越施工方案。根据材料的不同，跨越架有毛竹、木制、钢管和铝合金等根据布置方式的不同，跨越架有单侧、双侧和单排、双排、多排的多种组合方式，单侧指只在被跨越物的一侧架设跨越架，双侧即在被跨越物的两侧都架设跨越架的方式。单排即只搭设一排跨越架，随着跨越架排数的增多，其稳定性与承载能力也相应提高。跨越架形式有脚手架式、格构式、站立抱杆式、带羊角横担柱式等。

无跨越架跨越方式的本质是以铁塔代替跨越架，为绝缘网提供支撑。当跨越档两侧铁塔满足条件，可作为线路跨越支撑装置时，即可考虑采用无跨越架跨越架线方案。无跨越架跨越方案有临时横担封网跨越、绝缘索桥跨越。这两种无跨越架跨越方案的主要区别在于封网装置的支撑方式不同，展放线、附件安装等过程大体相同。

在实际施工中，跨越架跨越与无跨越架跨越两种方式之间没有绝对的界线，有时可将两种施工方式组合用于跨越工程，即半封网半跨越架跨越。例如，当跨越档两侧的铁塔无法提供足够的支撑时，可搭设跨越架为绝缘装置提供附加支撑，保证支撑具有足够的安全裕度保障施工安全。三跨方案设计如图3-36所示。

图3-36　三跨方案设计

3．施工场地布置

结合施工工艺和施工要求，施工场地布置围绕施工具体情况进行了基础施工场地布置与组塔施工场地布置，旨在为施工场地布置提供智能化解决方案。

（1）基础施工场地布置。包括钢筋摆放区与余土堆放区两部分，钢筋摆放区主要进行钢筋存放与组装，其布置原则有：

1）钢筋堆放区应当干燥、通风、避免日晒雨淋，特别是避免与水泥、混凝土等物质接触，以免发生化学反应导致钢筋生锈。如果在暴雨天气，应适当加盖防水布。

2）钢筋堆放应按照长度、直径、钢种分类编号，并在每一堆钢筋旁给予标识，方便工地现场管理和查找。

3）钢筋堆放区域要求平整、宽敞，避免刮擦、碰撞等情况导致钢筋受损。

余土摆放区是专门用于处理和存放建筑余土的区域，用于规范施工余土处理，防止随意倾倒和非法堆放，其布置原则有：

1）余土摆放区的选址需要考虑地理位置的合理性，应尽量靠近塔基区域，减少余土运输距离。

2）考虑环境保护和公共安全的要求。余土区的布置需要遵循相关的环保和安全标准，确保余土的处理不会对周围环境造成负面影响。

基于上述原则，基于塔基周边占地进行施工场地自动布置，形成初步场地布置方案，再利用人工对方案进行调整，机械旋挖场地布置如图 3-37 所示。

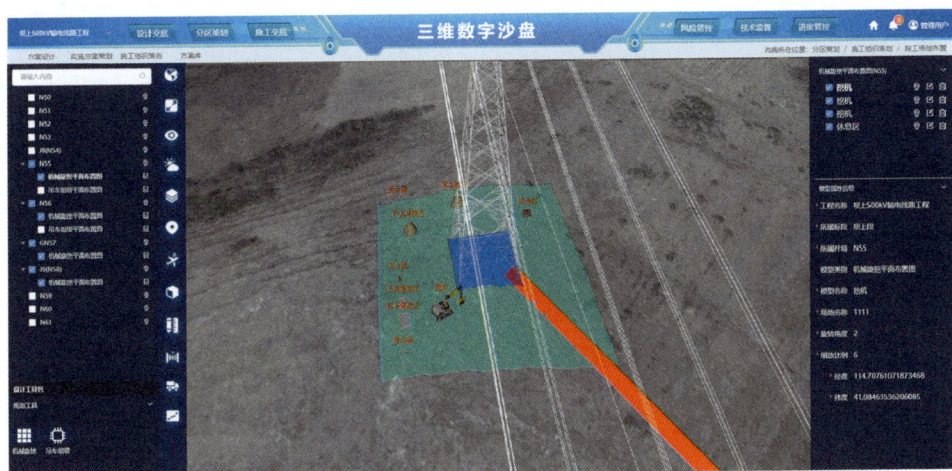

图 3-37　机械旋挖场地布置

（2）组塔施工场地布置。主要包括塔材堆放区、塔材组装区、工器具堆放区、螺栓堆放区等，其布置原则有：

1）场地选择：场地应平整，无障碍物，确保塔吊能够稳定地放置和作业。场地应宽敞，根据塔吊的尺寸和施工需要选择合适的场地，避免场地过小影响施工进度和安全性。

2）塔吊位置选择：考虑周围环境是否有障碍物，操作范围是否充足，以及是否能够保证安全通行。

基于上述原则，结合占地信息，进行智能化场地布置，自动形成初步方案，经人工调整后形成最终场地布置方案，吊装组塔场地布置如图 3－38 所示。

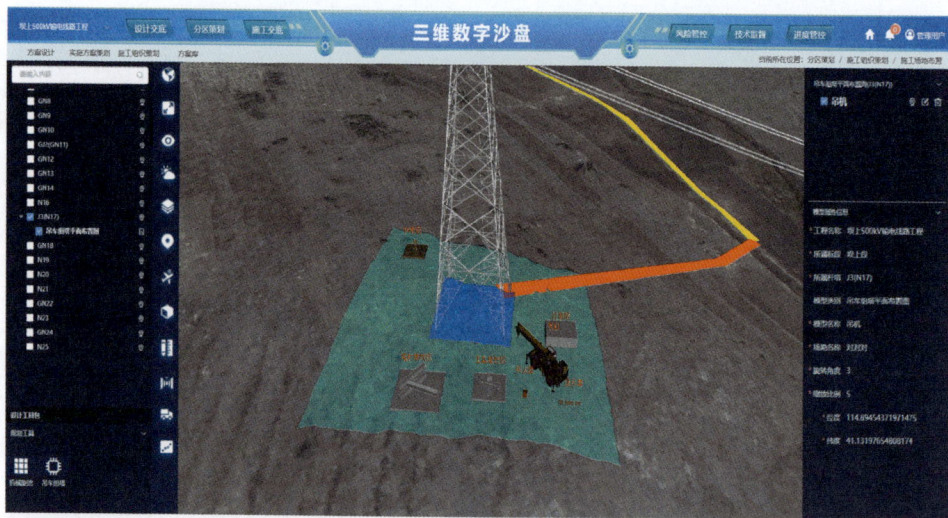

图 3－38　吊装组塔场地布置

3.4.3.1.3　施工策划方案

线路施工策划方案是线路工程的具体实施方案。基于数字化技术进行施工策划方案统筹管理可以有效提高管理效率和机械化程度。从规范化管理的角度出发，根据基础、组塔、架线施工过程分别设计了施工策划方案规范化管理方案，保障施工策划方案的科学性与合理性。施工策划通用方案依据施工阶段分为基础、组塔、架线三类，基础阶段包括板式直柱基础、灌注桩基础、机械挖孔基础、挖孔桩基础、岩石嵌固基础等通用方案；组塔阶段包括倒落式整体组立通用方案、座腿式整体组立通用方案、吊车整体组立通用方案、抱杆分解组塔通用方案、流动式起重机组塔通用方案等；架线阶段包括张力架线施工通用方案、常规架线施工通用方案。施工策划方案管理如图3-39所示。

图3-39 施工策划方案管理

基础阶段施工策划方案库，不同基础通用方案要点各不相同，依据现有施工方案进行通用内容提取后形成针对不同基础的方案。例如，板式直柱基础通用方案内容包括：编制说明及依据、工程概况、基础材料运输装卸及保管、基础材料、线路复测及基础分坑、土石方施工、现场浇筑混凝土基础施工、接地装置施工、风险分析识别评估、施工安全管理措施、安全技术措施、工程质量保证措施、文明施工与环境保护、预防及应急措施、标准工艺、施工组织及工器具配置。基础阶段施工策划通用方案如图3-40所示。

组塔阶段施工策划方案库中，以流式起重机组塔通用方案为例，其主要内容包括编制说明、工程概况、施工工艺概论、施工措施与步骤、安全措施与注意事项、质量控制措施、应急处置方案、相关计算等。组塔阶段施工策划通用方案如图3-41所示。

图 3-40　基础阶段施工策划通用方案

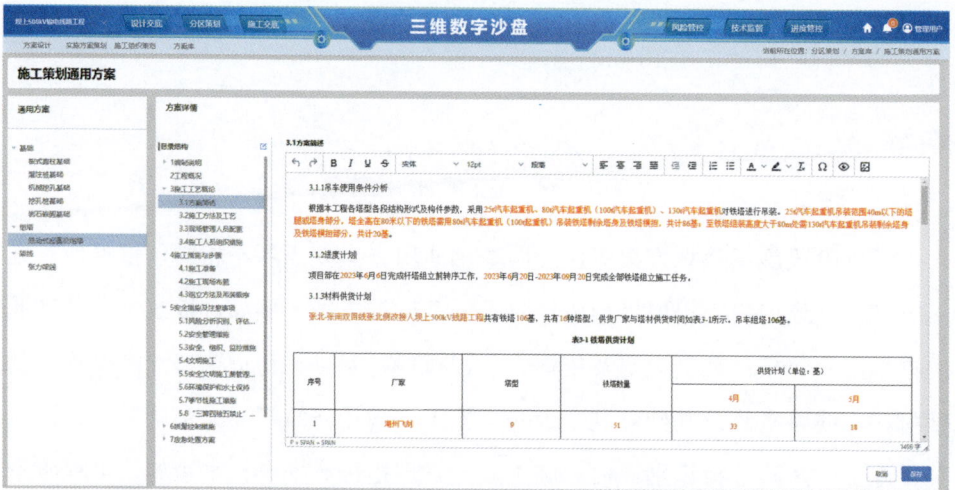

图 3-41　组塔阶段施工策划通用方案

架线阶段施工策划方案库中，以张力架线通用方案为例，其主要内容包括编制目的、编制依据、工程概况及特点、施工方案、施工组织措施、质量保证措施、安全保证措施、架线施工安装工艺及质量控制、文明施工环境保护、张力架线通病防治、标准工艺应用、应急预案等。架线阶段施工策划通用方案如图 3-42 所示。

图 3-42　架线阶段施工策划通用方案

依据施工阶段与施工方式自动推荐方案模板，基于施工方案自动填充模板标准化内容，后续人工对模板中非标准化内容进行修改完善，辅助施工策划方案快速编写。

3.4.3.2　变电工程分区策划

变电工程的分区策划以土建、一次电气、二次电气、电力设备分区，以设备为单元进行策划，主要包括方案标绘与施工策划方案两部分。通过分区策划，可以有效提高方案设计精度，提前发现施工风险，为变电工程施工提供支持。

3.4.3.2.1　方案标绘

结合施工工艺和施工要求，对施吊装位置、吊车路径、物料堆放、班组驻地开展选址与设计。

（1）吊装位置。变电工程涉及大型构件的组装和吊装工作。这一过程通常包括在平地上将各个部件拼装成型后进行吊装，或者将简单构件直接运输到现场进行吊装定位。吊装位置设计应考虑以下因素：

1）塔吊布置必须考虑周边环境，确保塔吊在使用过程中不会对周边环境造成威胁，避免在吊装过程中发生碰撞或触碰高压线等安全隐患。

2）确保塔吊吊臂覆盖施工区域，同时避免盲区，尽量使塔吊覆盖范围更广，满足施工需求。

3）吊装位置需有足够承载能力，承担塔吊及所需吊装的构件重量，确保塔吊的起重能力能够满足吊装要求。

根据土建、电力设备等信息，以及吊车型号、吊臂长度自动规划吊装位置，使用最少的吊装位置来覆盖整个站址，人工基于推荐方案根据实际情况进行优化，吊装位置设计如图3-43所示。

图3-43　吊装位置设计

（2）吊车路径。在确定吊装位置后，由于站址场地有限，需要合理规划吊车的进场路径，保障吊车顺利到达施工地点。吊车路径的选择需要考虑以下因素：

1）吊车路径选择首要原则是确保吊车行驶的安全性和稳定性，确保吊车能够平稳、安全地行驶。

2）考虑吊车的尺寸、重量、行驶速度等性能参数，及施工的具体需求，如吊装位置、作业范围等，选择能够容纳吊车并满足其行驶要求的路径。

基于吊装位置、土建信息及电力设备信息，根据上述原则进行自动化路径设计，经人工调整后确定最终方案，吊车路径如图3-44所示。

图 3-44 吊车路径

（3）物料堆放。变电工程施工中需要使用大量材料，由于站址场地有限，为保障施工顺利开展，需要对物料堆放位置进行合理规划，物料堆放位置设计原则如下：

1）物料堆放位置应避免接触易燃、易爆、易腐蚀等危险物质，确保物料稳定，避免倾倒或滑动造成安全事故。

2）保持通道畅通，确保通路和装卸空间适当，保持物料搬运的顺畅，同时不影响物料装卸工作效率。

3）考虑施工平面布局，物料堆放位置应符合施工现场总平面图的规定，确保位置适当，便于运输和装卸，减少二次搬运。

基于工程信息与施工区域划分，进行物料堆放位置自动规划，经人工调整后确定最终方案，物料堆放位置设计如图 3-45 所示。

（4）班组驻地。为确定最优选址方案，根据变电站位置及班组信息进行了精细化选址。班组驻地选址如图 3-46 所示。

驻地选址原则包括：

1）驻地为方便施工人员快速到达现场，选址应尽量靠近变电站站址，减少通勤时间。

图 3-45　物料堆放位置设计

图 3-46　班组驻地选址

2）应避免设在有剧烈震动和高温的场所，以及多尘或有腐蚀性气体的场所，并且不应设在地势低洼和可能积水的场所。

3）不应设在有爆炸危险的区域或设在有火灾危险区域周边，当与有爆炸或火灾危险环境的建筑物毗连时，应符合相关安全规范。

3.4.3.2.2　施工策划方案

变电工程施工策划方案是变电站施工的具体实施方案。基于数字化技术进行施工策划方案统筹管理可以有效提高管理效率和机械化程度。从规范化管理的角度出发，根据构架设施、母线安装、配电装置安装三个方面分别设计了施工策划方案规范化管理方案，保障施工策划方案的科学性与合理性。

构架设施安装通用方案中，以构架设施安装通用方案为例，其内容包括编制说明及依据、工程概况、构架设施、进场检验、运输存放、施工工艺流程及操作要点、安全管理措施、质量控制措施、应急处置等，构架设施安装通用方案如图3-47所示。

图3-47　构架设施安装通用方案

母线设备安装通用方案中，以母线设备安装通用方案为例，其内容包括编制说明、工程概况、施工准备、施工工艺流程及操作要点、安全管理措施、质量控制措施、应急处置、环境保护等，母线设备安装通用方案如图3-48所示。

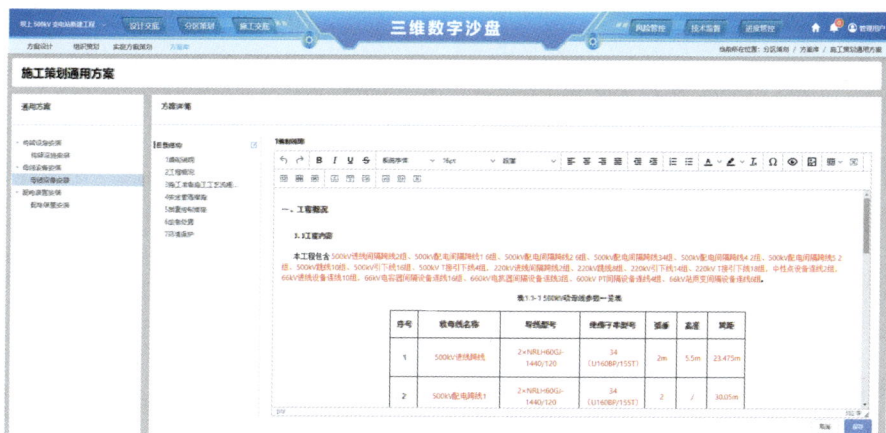

图3-48　母线设备安装通用方案

以配电装置安装通用方案（见图 3-49）为例，其内容包括编制目的、编制依据、施工质量标准、施工要点及重要措施、标准工艺应用、质量和技术保证措施、质量通病预防措施、强制性条文执行、安全文明施工及环境保护、成品保护措施等。

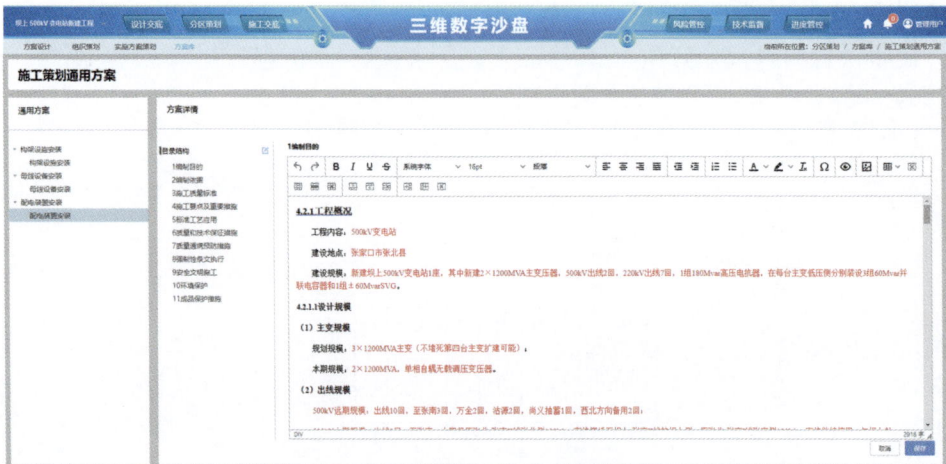

图 3-49　配电装置安装通用方案

依据施工阶段与施工方式自动推荐方案模板，基于施工方案自动填充模板标准化内容，后续人工对模板中非标准化内容进行修改完善，辅助施工策划方案快速编写。

3.4.4　施工交底

施工技术交底实为一种施工方法，是指在工程开工前由相关专业技术人员向参与施工的人员进行的技术性交底，主要包括施工交底单与施工工艺培训两部分。其目的是，使施工人员对工程特点、技术质量要求、施工方法与措施、安全等方面有一个较详细的了解，以便于科学地组织施工，避免技术质量等事故的发生。

3.4.4.1　施工交底单

在施工策划方案交底后，可根据施工策划方案内容自动生成施工交底单，施工单位应根据实际施工任务结合具体情况对生成的交底单进行补充和修改。交底单应在施工前完成编制，并经过审核确认无误后，方可进行交底工作。交底过程中，应确保施工人员充分理解交底内容，如有疑问应及时提出并解答。交底完成后，在沙盘中妥善保存，以备后续查阅和审计。

施工交底单的编制内容主要分为基础信息和交底内容两部分。基础信息包括施工交底单名称、工程名称、项目名称、交底单位、交底日期、交底主持人和交底作业项目 7 项内容。施工人员通过基础信息能够对交底的项目进行整体把握。交底内容则是施工交底单编制的重点，主要包括工程概况及特点、施工方案、施工组织措施、质量保证措施、安全保证措施和施工工艺及质量要求等施工策划中的全部内容。施工人员能够通过交底内容对工程概况、施工要求、施工方法和措施、施工质量等方面的要求有一个较全面的了解，以便于在工程施工中充分发挥各方的积极性。施工交底单管理如图 3-50 所示。

图 3-50 施工交底单管理

3.4.4.2 施工工艺培训

施工工艺培训是确保施工质量和安全的重要环节，它涵盖了从基础技能培训到专业技能提升的全方位内容。其目的是规范化施工流程，减少施工风险。

1. 线路工程施工工艺培训

架空输电线路施工工艺培训内容涵盖多个方面，以确保施工质量和安全。

施工工艺培训内容包括基础施工、杆塔施工和架线施工三大类。培训内容主要涵盖基础施工工程的基本原理构成与材料设备相关知识、施工设备的类型、用途及操作方法。对于施工安全，介绍基础施工工艺的同时，一并强调了施工现场的安全要求，包括个人防护、设备安全、临时用电等。

基础施工工艺培训包括土坑开挖施工工艺、泥水坑和流沙坑开挖施工工艺、石坑开挖施工工艺、现场浇筑基础施工工艺、钻孔灌注桩施工工艺、接地工程施工工艺、基础护坡挡土墙施工工艺、排水沟施工工艺、保护帽施工工艺等。基础施工工艺培训如图 3-51 所示。

图 3-51 基础施工工艺培训

杆塔架线施工工艺培训包括杆塔组立施工工艺和架线施工工艺。杆塔组立施工工艺中分为内悬浮抱杆分解组立铁塔施工工艺、座地式摇臂抱杆分解组立铁塔施工工艺、塔式起重机组塔施工工艺。杆塔架线施工工艺培训如图 3-52 所示。

架线施工工艺包括牵张场的选择及布置、放线滑车悬挂施工工艺、跨越设施安装与拆除、导线地线展放施工工艺、导线地线连接施工工艺、紧线施工工艺、耐张塔平衡挂线施工工艺、附件安装施工工艺、跳线安装施工工艺等。

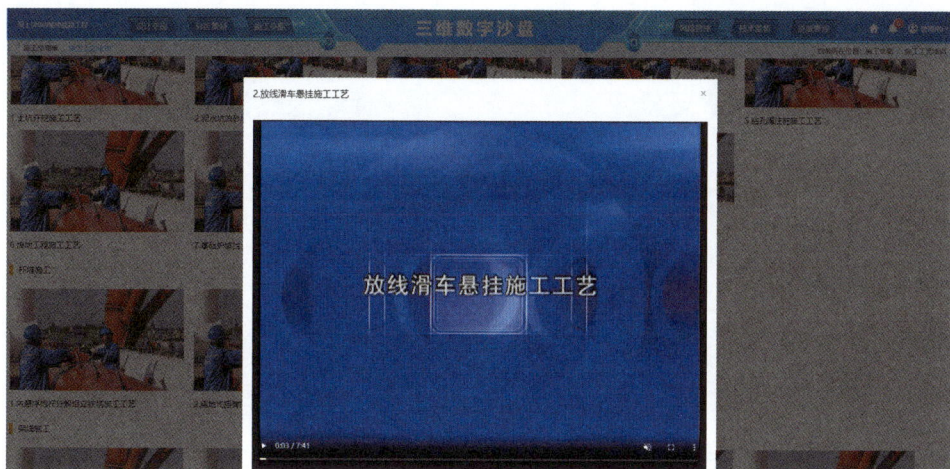

图 3-52 杆塔架线施工工艺培训

2. 变电工程施工工艺培训

变电工程施工工艺培训内容主要分为构架设施安装、母线设备安装、管母线安装与配电装置安装三部分，涵盖变电工程的材料设备相关知识、施工设备的类型、用途及操作方法。对于施工安全，介绍基础施工工艺的同时，一并强调了施工现场的安全要求，包括个人防护、设备安全、临时用电等。

构架设施安装施工工艺培训包括钢管柱组装施工工艺、钢梁组装施工工艺、构支架吊装施工工艺等。

母线设备安装施工工艺培训包括绝缘子串组装施工工艺、支柱绝缘子安装施工工艺、软母线安装施工工艺、引下线及跳线安装施工工艺、矩形母线安装施工工艺、母线桥（空气型母线）安装施工工艺、母线槽（密集型母线）安装施工工艺、浇注母线槽安装施工工艺、共箱母线（高压共箱封闭母线槽）安装施工工艺等。

配电装置安装施工工艺培训包括主变压器安装施工工艺、油浸式电抗器安装施工工艺、主变压器接地引线安装施工工艺、中性点系统设备安装施工工艺、干式站用变压器安装施工工艺、配电盘（开关柜）安装施工工艺、隔离开关安装施工工艺、电流互感器安装施工工艺、电压互感器安装施工工艺、避雷器安装施工工艺、穿墙套管安装施工工艺、气体绝缘开关、设备（GIS）安装施工工艺等。变电工程施工工艺培训如图 3-53 所示。

图 3-53　变电工程施工工艺培训

3.4.5　风险管理

在输变电工程施工阶段，人员管理、施工技术、外部环境、材料质量等方面都有可能会引起风险。在项目前期和施工过程中，需对施工风险进行全过程跟踪，并根据风险可能导致的后果制定对应的施工措施，同时对风险是否销号进行闭环管理。

传统的安全风险管理缺少可视化场景支撑和施工措施模拟分析，难以全面、直观地展现施工环境中的复杂性和多变性，导致风险管理不直观、不及时。通过对输变电工程周边风险进行地图可视化标识，这种直观的表达方式，不仅方便管理者快速了解风险情况，还能有效避免因信息传递过程中的理解偏差而导致风险扩大，提升施工风险管理的效率和准确性。

依据电网风险管理评价原则，对不同施工工序的风险等级进行评价，具体的风险等级划分原则见附录 A。如搭设平台（跨度或高度大于 2m）可能坍塌、高处坠落等后果，风险等级为 2。线路工程不同工序风险描述见附录 B，附录 C 为变电工程不同工序风险描述。

3.4.5.1 风险可视化管理

基于设计风险、施工风险、风险措施方案等信息，采用地图可视化的方式对输变电工程风险点信息进行统一管理。风险点属性信息包括风险名称、风险编号、施工标段、工序、风险位置、风险等级、可能导致的后果、预防措施及是否优化和销号等。

线路工程风险可视化管理围绕石方工程、钢筋工程、工地运输、基础工程、杆塔施工、架线施工等内容展开，基于基础、杆塔、放线段、老旧线路等施工对象进行风险标识。变电工程风险可视化管理围绕设备支架及一般起重吊装、软管母线预制架设、户外 GIS 就位、安装及充气等内容展开，基于构支架、软母线等施工对象进行风险标识。风险标识详细展示了各种情况下施工工序所对应的风险等级，并将风险可能导致的后果进行关联显示。通过精细化的管理方式，使得风险管控更加系统、全面，避免了以往表格方式管理出现的遗漏或混乱。

采用三维可视化方式对风险进行精细化管理，可提前发现潜在的安全隐患，全面排查施工安全因素，不仅有助于优化施工方案，提高施工效率，还能有效减少因施工不当而导致的安全事故。同时，在施工过程中，实时更新风险信息和销号信息，确保风险管控的实时性和有效性，使风险形成闭环管理，如图 3–54 和图 3–55 所示。

图 3–54　线路工程风险信息可视化

图 3-55 变电工程风险可视化

3.4.5.2 风险措施库

为防范输变电工程施工的安全风险，针对施工对象、施工工序进行风险分析并提出相应的预防措施，建立风险措施库，风险措施库主要包括风险措施的风险编号、工程类型、作业类型、工序、风险可能导致的后果、风险级别、风险控制关键因素、预控措施等信息，预防措施通过风险编号进行关联，方便施工人员根据风险编号、工程类型和作业类型对风险措施进行查看，指导现场安全施工。如搭设平台（跨度或高度大于 2m），风险预防措施包括：① 浇筑混凝土平台跳板材质和搭设符合要求，跳板捆绑牢固，支撑牢固可靠，有上料通道；② 上料平台不得搭悬臂结构，中间设支撑点并结构可靠，平台设护栏；③ 大坑口基础浇制时，搭设的浇制平台要牢固可靠，平台横梁加撑杆，平台模板应设维护栏杆；④ 投料高度超过 2m 时，应使用溜槽或串筒下料，串筒宜垂直放置，串筒之间连接牢固，串筒连接较长时，挂钩应予加固。严禁攀登串筒进行清理等。

不同工序的施工风险预防措施见附录 D、附录 E 为变电工程风险措施库，如图 3-56 和图 3-57 所示。

图 3-56　线路工程风险措施库

图 3-57　变电工程风险措施库

3.4.6　技术监督

传统的技术监督管理手段不直观、不及时，物料质量管理水平效率有待提升。为深入推进输变电工程高质量建设，持续筑牢质量检测入口关，有效衔接质量检测项与质量验收项，根据《国网基建部关于发布输变电工程质量检测项目清单的通知》对输变电工程质量检测项目分为设备材料质量检测和基础质量检测，明确每类设备或结构组件的必检项目，通过数字化手段对检测结果进行通过性分析和结构化管理，实时跟踪检测进度与结果，直观展示设备材料与基础的整体检测覆盖率（检测完成率）。

线路工程的技术监督按设备质量和基础质量进行检测，设备质量检测对象包括输电杆塔、导地线、金具、绝缘子等，基础质量检测对象包括水泥、砂、石、水、商混类、混凝土外加剂、土工等。变电工程监督核心覆盖钢结构、水泥和砂等关键设备的质量检验，以及石、水、商混类、混凝土外加剂、钢筋类和土工等基础设施的质量检查。通过明确质量检测的内容与要求，对输变电工程设备和基础所包含的对象进行检测。查看各种检测报告信息并统计质量检测完成率，线路工程技术监督和变电工程技术监督如图 3−58 和图 3−59 所示。

图 3−58　线路工程技术监督

图 3−59　变电工程技术监督

　　数字化手段在技术监督中通过将检测项目标准化、清单化，明确了每一项检测内容的具体要求和标准，实现了数据的透明化和可追溯性，可确保输变电工程物料质量满足施工要求，保证施工正常开展，提升输变电工程的质量管控水平。

3.4.7　进度管控

　　传统的计划进度编排采用电子表格工具或国外 P3/P6 项目管理软件，人工录入工作量大，计划编排颗粒度较粗，发现不同工序之间的逻辑关系问题困难，不能合理优化窝工问题和高效调配施工资源。依据施工对象和施工工序进行施工组织编排推演，围绕进度信息填报、施工进度统计、进度对比分析三方面进行管控，实现了施工进度信息精细化管理与可视化查看，完成了超前/滞后信息的自动分析和预警，以及对人员/机械的计划、实际投入率进行对比分析。

3.4.7.1　计划进度编排与推演

　　借助施工时间轴工具进行计划进度编排，以时间单位为横轴，以施工区段和工序为纵轴，构建施工进度计划一张图，实现各道工序的有序衔接，合理规划不同班组的进出场时间，灵活调配每道工序所需的人员、机械设备和物料，合理制订施工组织方案，实现输变电工程施工流水化作业。

　　线路工程施工计划进度编排以放线段为区段，以桩位为单元，针对临时道路修建、物料工地运输、基础开挖施工、混凝土施工、接地施工、组塔施工、架线施工等不同施工工序，根据施工方案、资源投入规划施工工期。变电工程的计划进度编排中，以设备为区段、具体作业点为单元，针对构架设备安装、软管母线安装、配电装置安装等不同工序，结合设计方案与现场资源调配，精准规划从基础到电气设备安装的每一个环节。线路工程施工组织编排如图 3 – 60 所示。

　　组织策划推演通过模拟施工进展来预测和优化工程的执行过程。这一推演过程基于施工组织编排内容，能够精确地模拟出实际的施工场景，确保推演的科学性与可行性。

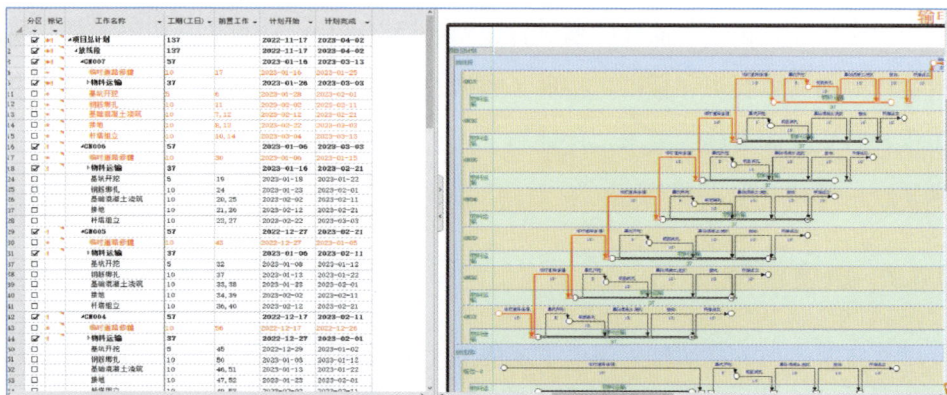

图 3-60　线路工程施工组织编排

　　根据施工组织编排的推演目标和范围，利用三维动画来展示施工进度情况，基于时间轴详细列出每个工序的起止时间、场地布置及资源投入。通过计划进度编排与组织策划推演，可以清晰地掌握工程的整体进度和关键节点，便于对推演结果进行深入分析，提出改进措施，并对施工组织编排进行相应的调整和优化。通过不断地循环迭代，优化编排结果，确保工程高质量完成。线路工程组织策划推演如图 3-61 所示。

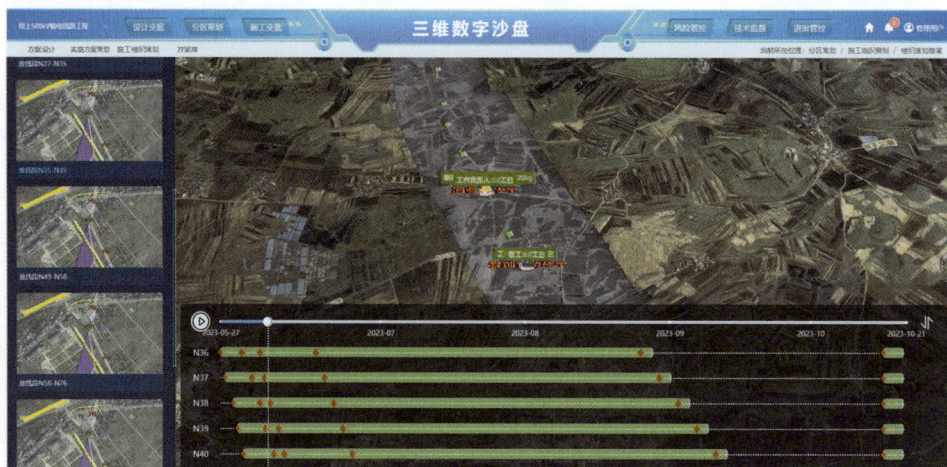

图 3-61　线路工程组织策划推演

3.4.7.2　进度填报

　　基于计划进度编排结果形成计划进度信息，根据现场实际施工情况及时进行进度情况更新，确保实际施工进度的数据实时性与透明度，支撑施工进度管理。

线路工程进度信息包括所属标段、杆塔号、桩位号、更新时间、当前施工进度（未开展、正在开展和已完成）等内容，变电工程进度信息包括构架、软母线、管母线、配电装置安装等内容。管理人员根据每日的实际工作情况填报施工进度信息，通过详细记录各道工序的开始日期和结束日期，便于查看对应的施工进度详情，快速了解整体或局部工程的建设进展。线路工程进度信息填报如图 3−62 所示，变电工程进度信息填报如图 3−63 所示。

图 3−62　线路工程进度信息填报

图 3−63　变电工程进度信息填报

3.4.7.3 进度统计

基于填报的施工进度数据，对施工进度从施工工序和施工状态进行多维度统计，利用图表、进度条进行可视化展示，全面反映施工进度情况，便于管理人员快速了解施工进度。

线路工程按照临时道路修建、物料工地运输、基础开挖施工、混凝土施工、接地施工、组塔施工、架线施工等不同工序进行统计。变电工程施工情况统计主要包括构架安装、软母线安装、管母线安装和配电装置安装等施工进度。

根据施工进度填报情况，将每道施工工序按已完成、正在开展、未开展三种状态进行划分，采用柱状图方式表达不同施工工序的开展情况，显示出每个工序完成量及剩余量；采用折线图来展现施工进度的完成率，为管理人员提供一个工序级的进度概览，线路工程施工进度统计如图 3-64 所示，变电工程施工进度统计如图 3-65 所示。

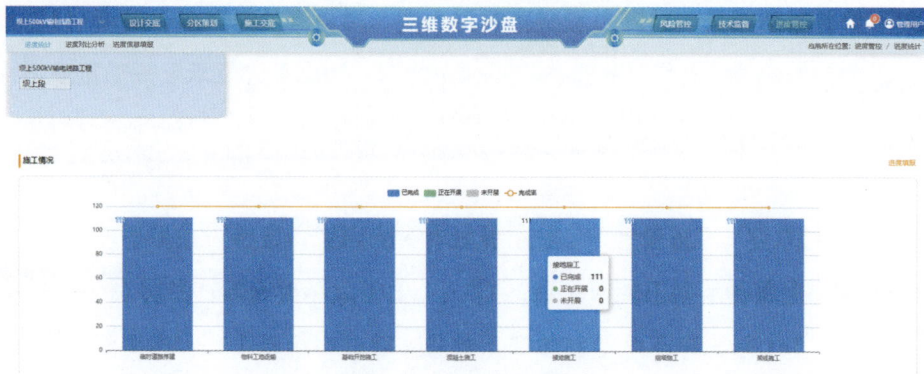

图 3-64 线路工程施工进度统计

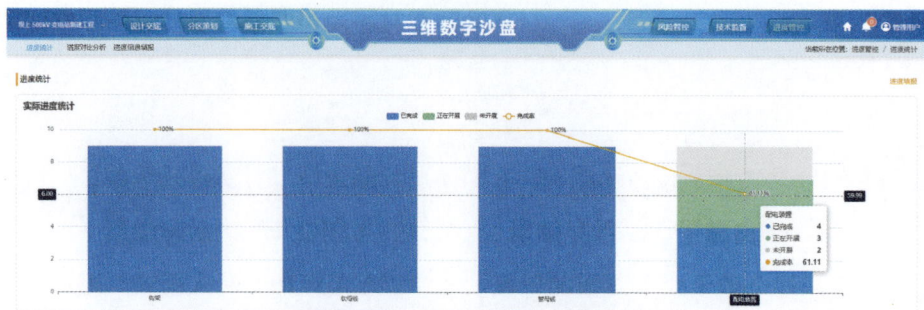

图 3-65 变电工程施工进度统计

3.4.7.4　进度对比分析

在输变电工程应用中，传统的进度对比分析方法，如折线进度图与饼图虽然能够直观地展现不同工序的完成比例，但由于缺乏精细化分析能力，无法揭示进度偏差的具体原因，难以根据工程的实际进展灵活调整，从而可能导致资源分配失衡，造成某些施工阶段资源过剩，而其他阶段施工资源不足的问题。通过进度精细化管理技术，以塔位和变电设备作为基本单元，利用前锋线来绘制实际进度与计划进度之间的交汇点，并定期更新这些动态指标。通过关键线路法显示各施工阶段的时间范围及其相互之间的逻辑关系，辅助找出控制工期的关键路线。

输变电工程建设过程中，施工进度对比分析，通过计划进度与实际进度的精细化对比，分析出实际施工进度超前或滞后的具体工序和施工点，辅助施工方案计划决策，可精确掌握工程执行状况，为进度管理提供有力的数据支持，确保输变电工程能够高效推进并按时完成。

4　工　程　应　用

为推动"六精四化"政策的落实，大数据数字沙盘在张北—张南双回线张北侧改接入坝上500kV线路工程和坝上500kV变电站新建工程中顺利开展了工程应用，大大提高了工程效率，节约了工程成本。

4.1　工　程　概　况

4.1.1　线路工程

该工程线路起点位于张北县大河镇水官坊村东南的坝上 500kV 变电站架构，终点位于张北线白庙滩乡家南线 135 号铁塔附近改接点。张北—张南双回线张北侧改接入坝上500kV线路工程（简称张北侧改接线路工程）。

航空线长度为40.9km，推荐路径全长为45.3km，曲折系数为1.1。途经行政区域为河北省张家口市张北县。沿线海拔为1300～1600m，全线地形平地为19.9km（44.1%）、丘陵为25.4km（55.9%）。

架设方式为双回路（2×43.55km），局部拆为两条单回路全长2×1.75km（两处，共4条，第一处的2条单回路分别为0.91km、0.817km，第二处的2条单回路长度分别为0.95km、0.825km）。

线路采用 4×JL/G1A－400/35 导线，子导线分裂间距为450mm。地线为双回路段使用 2 根 OPGW－150（72）光缆，并在坝上站架构进线档增加 1 根

LBGJ-150-40AC 铝包钢绞线作为分流线；在单回路段，每条单回路分别使用一根 OPGW-150（72）光缆和一根 1 根 LBGJ-150-40AC 铝包钢绞线作为地线。张北侧改接线路工程基本情况见表 4-1。

表 4-1　张北—张南双回线张北侧改接入坝上 500kV 线路工程基本情况

起点	坝上 500kV 站	
终点	家南线 135 号塔小号侧新建终端塔	
线路路径长度	45.3km（双回路 2×43.55km，单回路合计 3.5km）	
回路数	双回路，局部拆为单回路	
线路额定电压	500kV	
导线型号	4×JL/G1A-400/35 钢芯铝绞线	
地线型号	2 根 OPGW-150（72），单回路段和进线档使用 1 根 LBGJ-150-40AC 铝包钢绞线作为分流线	
污区等级划分	b、c、d 级污区	
地形分类	平地、丘陵	
主要设计气象条件	基本风速	29m/s
	最大覆冰	10mm

4.1.2　变电工程

1. 站址的地理位置

站址位于河北省张家口市张北县大河镇水官坊村，张北县西南约为 23km，大河镇东南约为 9km，水官坊村西南约为 0.3km。土地性质为一般耕地。站址的地理位置如图 4-1 所示。

2. 站址自然地貌及现状

该站址地形西南高、东北低，地形有一定起伏，站址高程为 1572～1591.2m。进站道路接至站址西侧 062 乡道，062 乡道宽度约为 5m，混凝土路面，路面情况较好，进站道路长度约为 60m。

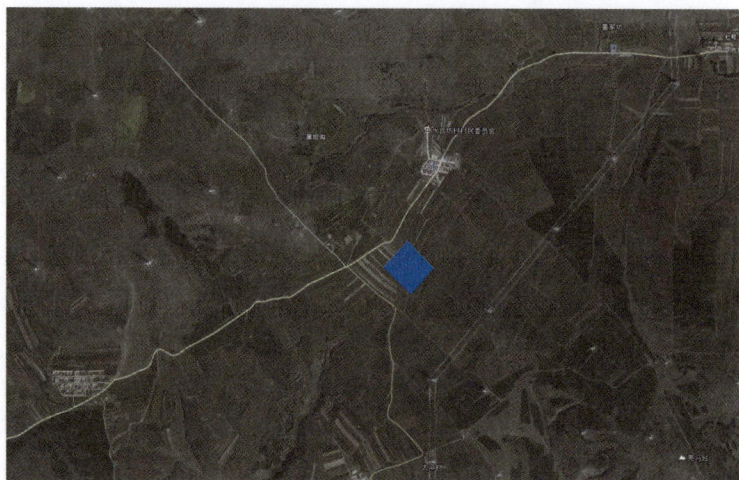

图 4-1　站址的地理位置

　　站址区域无矿业权设置，没有文化遗址、地下文物、古墓等文物，附近也没有军事设施、通信电台、机场、导航台等与变电站互相影响。拟选站址各个方向视野开阔，无对出线有影响的遮挡物。站址现状如图 4-2 所示。

图 4-2　站址现状

　　3. 站外交通运输及公路引接

　　变电站进站道路规划引接西北侧 062 乡道，道路宽度约为 5m，主要为水泥混凝土路面，通过此道路可通往 X408 县道及海张高速公路。进站道路建设标准为厂矿道路四级，进站道路长度为 60m。

4.2 沙盘基础环境搭建

4.2.1 航测数据获取

1. 测区环境及天气因素

坝上工程测区位于河北省张家口市,属于航空摄影Ⅲ类区域,测区天气变化较快、常年大风,通过查询历史天气,测区 5—6 月可作业时间较短,增加了飞行难度。飞机飞行过程中,存在一定的飞行安全风险,实际飞行过程中需注意天气突变带来的影响。测区范围缩略图如图 4-3 所示。

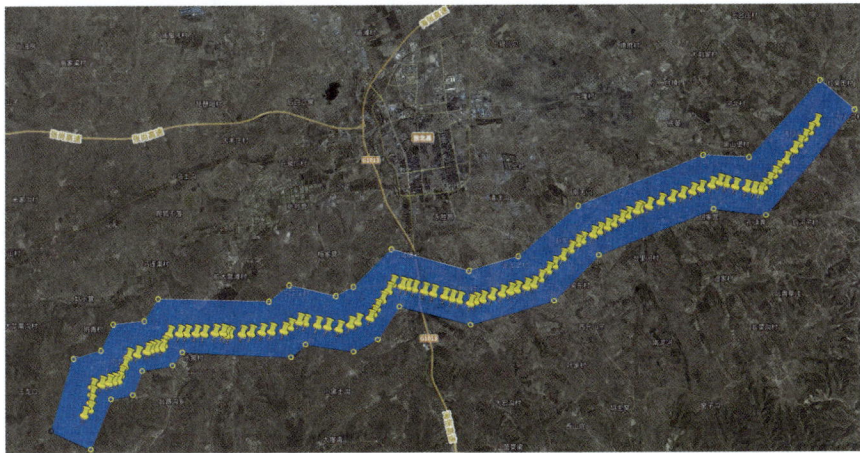

图 4-3 测区范围缩略图

2. 航空摄影实施

按照项目要求,航空摄影作业需采集输电线路范围内的高清航片及高密度激光点云数据,数据采集的技术标准为影像分辨率优于 0.1m,激光点云密度不低于 100 点/m^2。

3. 航空摄影作业方案

按照航空摄影规范,综合考虑测区内的地形和项目要求,该工程采用无人机搭 1 亿像素飞思相机和无人机激光系统分别获取影像和激光点云数据。航空摄影飞机、飞思相机、无人机机载激光系统如图 4-4~图 4-6 所示。航空摄影无人机主要参数、飞思相机主要参数、无人机机载激光系统见表 4-2~表 4-6。

图 4-4　航空摄影飞机

表 4-2　　　　　　　　　航空摄影无人机主要参数

无人机类型	主要参数	参数指标
SF4200 无人机	标准起飞重量	30 kg
	最大载荷重量	10kg
	经济巡航速度	72km/h
	最大飞行速度	130km/h
	控制半径	30km
	最大爬升速度	4m/s
	最大下降速度	5m/s
	最大起飞海拔	4200m
	最大抗风能力	6 级
	工作环境温度	$-10\sim60℃$
	最大航时	>240min
	飞行距离	280km
	飞机尺寸	4128mm × 1927mm × 749mm
	包装尺寸	1580mm × 660mm × 760mm

图 4-5　飞思相机

表 4-3　　　　　　　　　　　飞思相机主要参数

参数	Phase IXU-RS1000
焦距（mm）	40
像元大小（μm）	4.6
像素	11608×8708

图 4-6　无人机机载激光系统

表 4-4　　　　　　　　　　　无人机机载激光系统

标配清单		
名称	描述	数量
无人机机载激光系统	（1）最大测量距离：1845m@80 反射率； （2）扫描视场角：0°～360°； （3）角度分辨率：0.001°； （4）发射频率：1500 kHz； （5）扫描速度：200 线/s　180 万点/s 无穷次回波信号数字化，每个回波具有 16 位分辨率强度信息； （6）激光器类型：脉冲式； （7）精度：5mm（单次）/3mm（重复）； （8）激光安全级别：CLASS 1； （9）防护等级：IP64 防尘防溅； （10）温度范围：-20℃～40℃（工作）/-20℃～50℃（储存）； （11）输入电压：11～34V； （12）功率：65W	1 套

4. 航空摄影作业成果

根据航带设计文件开展航空摄影批文办理，组织航空摄影作业组到达张北航空摄影现场开展航空摄影作业，无人机分别搭载飞思相机和无人机激光系统完成全部航空摄影数据采集工作。航空摄影成果如图 4-7 所示。

109

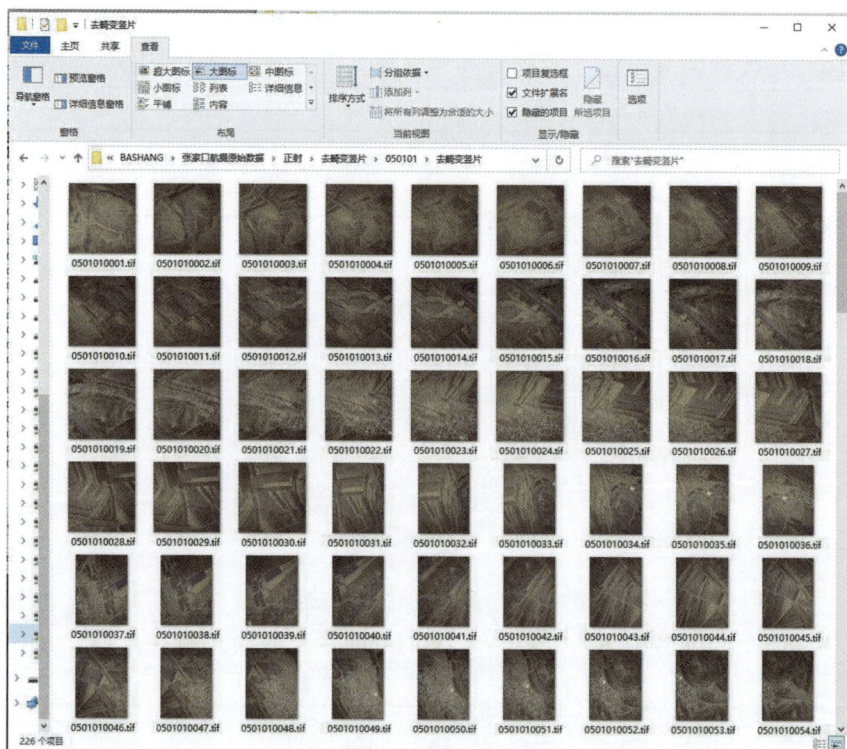

图 4-7 航空摄影成果

4.2.2 外控与调绘

4.2.2.1 控制点及检查点布设原则

像控点及检查点的布设能提升点云数据的精度。表 4-5 给出了《机载激光雷达数据获取技术规范》（CH/T 8024—2011）对点云高程精度的要求，本章所有的精度比较以此为基础。

表 4-5   点云数据高程精度要求   单位：m

比例尺	地形类别	点云高程中误差	数字高程模型成果高程中误差
1∶500	平地	0.15	0.2
	丘陵地	0.25	0.4
	山地	0.35	0.5
	高山地	0.50	0.7

1. 控制点布设原则

（1）主控点。主控点选择与周围地物颜色反差大、易于区分的点位，以保证数据处理刺点精度，布设完成后，采用 GPS 静态观测与线路已知点进行联测。

（2）检校场控制点布设。由于定位定向系统（position and orientation system，POS）是一个 GNSS/IMU 组合的集成系统，在安置过程中存在偏心角和偏心分量等系统误差，因此将 POS 系统安装到飞行器上后，必须进行检校场飞行和测量，消除后期数据处理过程中系统误差，获得测区每张像片精确的外方位元素。

（3）站址控制点布设原则。区域网加密平高控制点布点，采用周边 8 点法＋中心区域加密的布点方案。即在场站范围角点处各布设 1 个点，场站中心区域、场站边线处适当布设像控的方案。另外，该方案应保证航线方向不超过 8 条基线布设一个平高控制点，否则进行适当加密。站址布点方案如图 4－8 所示。

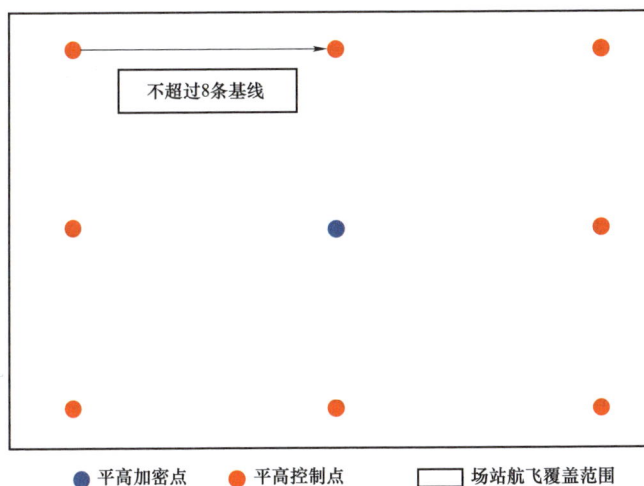

图 4－8　站址布点方案

2. 检查点布设原则

为进行点云和影像精度分析，检查点采用实时差分定位（real－time kinematic，RTK）方式获取。检查点的布设原则为：

（1）试验区内，检查点分为两类：影像检查点和激光检查点，采用静态或 RTK 方式获取。

（2）在每个换流站站址试验区内按像控点的要求选刺并测量 3 个平高检查点作为影像的空三精度检查，均匀分布于测区内。

（3）选择换流站区域内房顶、旱田、水泥地等凸出于地面的平台 3 处，在其四个角点（拐点）测 1 点，平台中间测 1 点，检查点云的平面和高程绝对精度。

3. 检校场控制测量

由于 POS 是一个 GNSS/IMU 组合的集成系统，在安置过程中存在偏心角和偏心分量等系统误差，因此将 POS 系统安装到飞行器上后，必须进行检校场飞行和测量，消除后期数据处理过程中系统的误差，获得测区每张像片精确的外方位元素。

4.2.2.2 外控成果

外控成果采用国家 2000 坐标系，1985 国家高程基准，中央子午线 114°。其中，像控点 18 个，激光检查点 105 个，像控检查点 4 个。

4.2.3 航空摄影数据处理

4.2.3.1 激光点云处理

激光点云数据处理是将采集到的原始点云数据，计算得到具有相应坐标的标准格式的点云数据，为后期激光点云分类和制作数字高程模型（digital elevation model，DEM）提供数据基础。处理所需要的数据包括原始激光点云数据、POS 数据和地面基站数据等。文件解码过程如图 4－9 所示。

POS 数据处理结束后，首先，进行检校场激光数据处理，它是激光预处理工作的重要内容，将存储在激光设备上的原始文件，

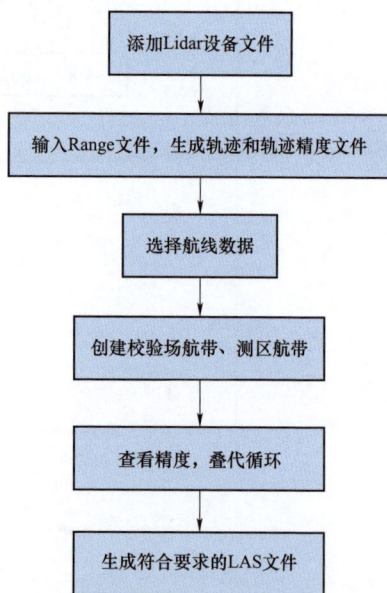

图 4－9　文件解码过程

经过与 POS 处理结果联合解算后，生成同频率的激光发射器瞬时外方位元素，进而生成每个激光脚点的三维坐标。然后，利用检校场点云进行不断量测、修正，求出偏心角度值，再利用检校场的控制点完成激光系统的距离检校，得到

检校参数再对整个测区数据进行校正，得到高精度的激光点云数据。图 4-10
为利用检校场航带进行点云检校调整示意图。点云成果如图 4-11 所示。点云
俯视与侧视图如图 4-12 所示。

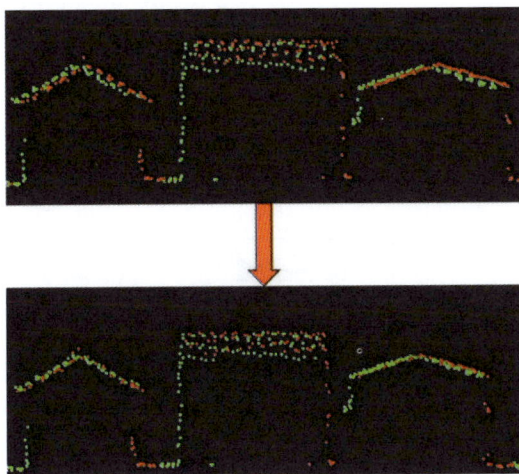

图 4-10　利用检校场航带进行点云检校调整示意图

图 4-11　点云成果

图 4-12　点云俯视与侧视图

113

4.2.3.2 激光点云分类

激光点云数据具有离散型、盲目性和不均匀性等特点。分类工作中，需根据分类目标特性，进行单一目标的分类工作，并且为保证分类的准确性，还需要进行一定量的人工编辑工作。

点云分类的技术流程如图 4-13 所示。

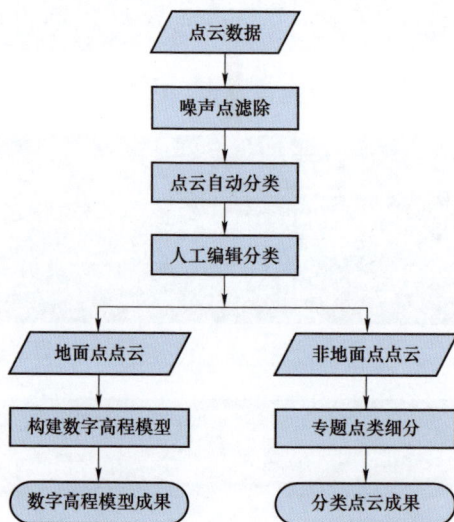

图 4-13　点云分类的技术流程

在得到激光点云数据后，首先需要进行噪声点滤除，将明显低于地面的点或点群（低点）和明显高于地表目标的点或点群（空中点），以及移动地物点定义为噪声点，在进行地面点分类之前，应首先将这类点分离出来。然后，进行点云自动分类工作，利用基于反射强度、回波次数、地物形状等算法或算法组合，对点云数据进行自动分类。在提取地面点云时，需要综合考虑高程信息和地面坡度阈值进行迭代运算，分离出最准确的地面点。非地面点包括地面建筑、植被、道路、管线及其他，具体分类项根据任务要求进行，主要根据点云高度信息、回波次数、点云分布几何形状、密度、坡度等特征，对非地面点云进行分类，虽然对于形状规则，空间特征明显的地物，可通过参数设置，利用软件自动提取，但由于激光信息复杂多变，此项工作需要较多的人工干预实现。

最后，需要对分类结果进行检查。分类后点云成果如图 4－14 所示。点云全分类图如图 4－15 所示。通过点云分类显示、按高程显示等方法，对有疑问处根据断面图及影像图进行查询、分析。地面点检查可以通过建立地面模型的方法，对模型中不连续、不光滑处绘制断面图进行查看，对分辨不清的部分，根据对应影像检查分类结果，其中，检查内容主要包括：

（1）点云分类是否正确。

（2）地面点云表面模型是否连续、光滑。

（3）地面点的剖面图形态是否合理。

（4）分类结果与地形图、影像套合、所分点类与影像范围是否一致。

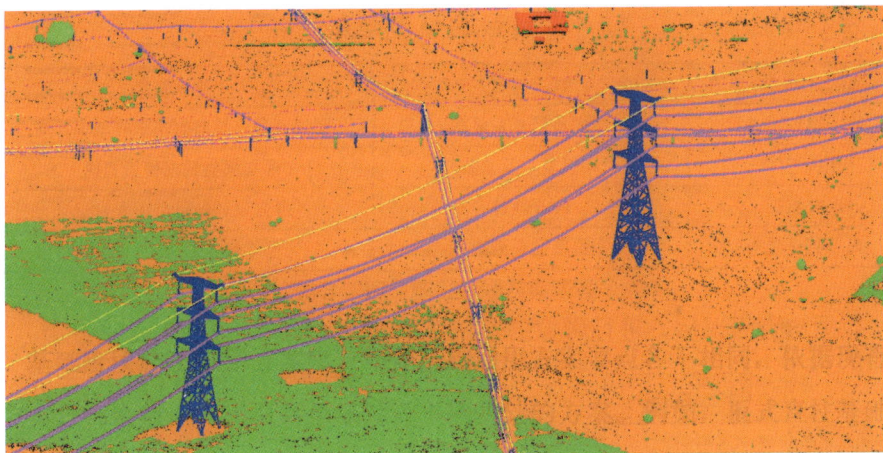

图 4－14　分类后点云成果

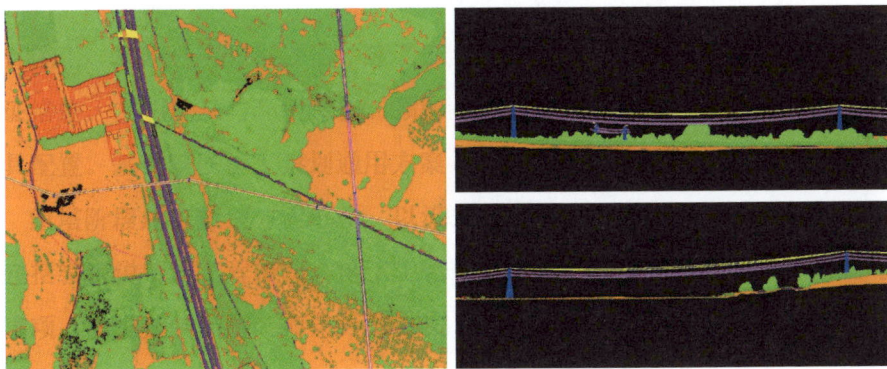

图 4－15　点云全分类图

4.2.3.3 影像数据处理

采用 Inpho 摄影测量系统进行航空影像数据处理工作，从空三加密、生产正射影像等多个方面进行处理，并能够导出多种格式文件，直接与其他软件进行对接。

1. 数据准备

在数据处理之前，需要对得到的现有数据进行检查，包括航片情况、相机文件情况、POS 数据情况、外业测量数据情况，对航片、机载 POS 数据进行检查，检查每条航带航片是否有遗漏，机载 POS 数据是否连续，保证接收到的数据全面准确，以便后面的处理工作能够顺利进行。采集数据检查结果见表 4-6。

表 4-6 采集数据检查结果

检查种类	检查内容	检查结果
航片	图像质量及重叠率	图像清晰、航向航带重叠率满足规范
相机文件	相机型号及参数	文件与采集数据使用相机一致
POS 数据	POS 轨迹	覆盖设计航带，无异常记录
外业测量数据	完整度及观测情况	完整连续、卫星定位精度良好

数据检查无误后，进行影像的空三数据处理工作。

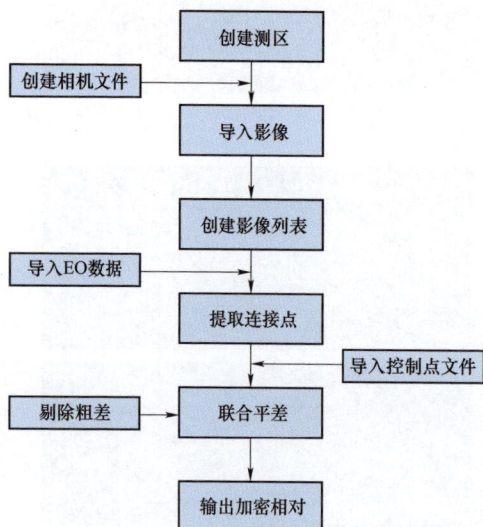

图 4-16 空三作业流程图

2. 空三处理

使用 Inpho 摄影测量系统进行处理，空三作业流程图如图 4-16 所示。

根据数据准备阶段的各类数据参数建立新的空三工程，包括相机文件、影像数据、POS 数据和控制测量数据。首先，需要得到影像数据的各级金字塔，方便数据处理及查看，在 Inhpo 中可以选择生成影像内部的金字塔，在优化平台中可以直接实现影像的放大和缩小。然后，将预处理过程得到的 POS 数据导入软件，这里需要将 POS 数据与影像数据 ID 一一对应。最后，根据 POS 中的航向角建立航带，完成测区工程的建立。

工程建立以后，进行自动提取连接点的工作，在处理本工程时，根据地形情况建立不同的块来分别进行处理，并在连接点生成完毕后，对得到的结果进行检查，检查内容包括连接点准确度、多度（大于等于 3）重叠点分布等。

连接点生成工作完成后，进行外业测量的控制点刺点工作，在量测模式下，通过平面和立体两种模式进行，平面模式一般在刺点地形为平地时使用，立体模式一般当控制点在地物或其他有高程变化的地物上时使用。

控制点刺点完成后，进行平差解算，根据平差结果观察收敛值大小和报告中控制点的残差大小对连接点和控制点再进行调整，如此反复调整，直至收敛值及残差满足要求，最终完成空三加密工作。

4.2.3.4　正射影像制作

自动获取相对精度较高的立体模型后，利用激光数据处理后的 DEM 数据生成单模型正射影像。然后，对各区域进行镶嵌拼接，生成正射影像。正射影像是指消除了由于相机倾斜、地形起伏及地物等所引起的畸变的影像。它比地形图更为直观、易于理解。正射影像成果如图 4–17 所示。

图 4–17　正射影像成果

通过对主流激光设备、飞行平台的对比分析，制订了详细的技术方案设计和飞行计划，在本项目中采用飞思相机和无人机激光系统开展了相关航空摄影工作，获取了试验区的激光点云原始数据和影像原始数据，影像地面分辨率为 0.1m。结合精度分析的需要，在每个换流站范围内采用 8 点法 + 中心区域加密的布点方案布设了控制点。同时，布设了若干激光点云的检查点用来检查激光点云的精度。以信息共享、工作协同方式支撑全过程建设管理流程。

覆盖带宽、点云密度、影像分辨率等均满足《电力工程数字摄影测量规程》（DL/T 5138—2014）的要求，激光点云的精度满足《机载激光雷达数据获取技术规范》（CH/T 8024—2011）中成图比例尺为 1:500 的要求。

4.2.4　GIM 数据处理

电网 GIM 数据检测过程涉及使用专门的工具软件，来确保电气设备 GIM 模型的合规性和质量满足变电工程三维数字化设计、数字化移交的要求。

（1）数据准备：收集待检测的电网 GIM 数据，这些数据包括电网设备的三维模型、参数信息、运行数据等，确保数据的完整性和准确性是后续检测工作的基础。

（2）格式转换：使用检测工具对电网 GIM 数据进行格式转换，确保数据格式与检测工具的要求相匹配，以便进行后续的模型校验工作。

（3）模型校验：利用检测工具对转换后的 GIM 模型进行校验。这包括对模型的基本图元（如球体、长方体、棱台、瓷套、绝缘子、端子板等）进行合规性检测，确保它们的使用合理性和准确性。同时，还会对模型的完整性、一致性及与其他系统的兼容性进行检查。

（4）报告导出：检测工具在完成模型校验后，会生成相应的检测报告。这份报告会详细列出检测过程中发现的问题、错误或不合规之处，为后续的修复和优化工作提供指导。

（5）问题修复与优化：根据检测报告中的指导，对电网 GIM 数据进行修复和优化。这可能包括修正模型中的错误、调整参数设置、优化模型结构等。

（6）复查与确认：在完成修复和优化后，再次使用检测工具对电网 GIM 数据进行复查，确保所有问题已得到妥善解决，数据质量得到提升。

通过重复以上步骤，对本工程电网 GIM 数据的有效检测和优化，确保其在变电工程中的准确性和可靠性，从而将精度最高的数据成果加载到三维数字沙盘中，用以辅助施工过程。GIM 解析成果如图 4-18 所示。

图 4-18　GIM 解析成果

4.2.5　三维场景搭建

在三维场景搭建的过程中，依据收集到的影像数据、高程数据及 GIM 三维成果，进行细致的地形构建、建筑物与设施模型的精细放置，以及场景细节的完善，以打造出一个高度真实且功能完备的坝上工程三维场景。

1. 地形地貌的精细构建

利用高程数据，通过专业的三维建模软件，生成精确的地形。这涉及对高程数据的详细分析和处理，确保地形的起伏、坡度、山脉、河流等特征都得到精准的表现。

2. 建筑物与设施的精确放置

在建筑物与设施的放置过程中，我们将充分利用 GIM 三维成果中的精确坐标信息及旋转矩阵，确保这些模型在三维场景中的位置和姿态都准确无误。

同时，考虑建筑物和设施与地形之间的交互关系。调整建筑物的高度和位置，使其与地形完美贴合；对于桥梁、道路等设施，我们会考虑其在地形上的走向和起伏，确保它们与地形自然融合。

最后，会对场景进行整体的优化和调整。这包括调整场景的视角和比例，确保场景在视觉上更加舒适和协调；同时，对场景中的模型进行简化处理，减少不必要的细节和冗余数据，提高场景的渲染效率。

通过以上步骤，搭建出一个高度真实且功能完备的坝上工程三维场景，为后续的分析、规划和展示提供有力的支持。三维场景搭建如图 4-19 所示。

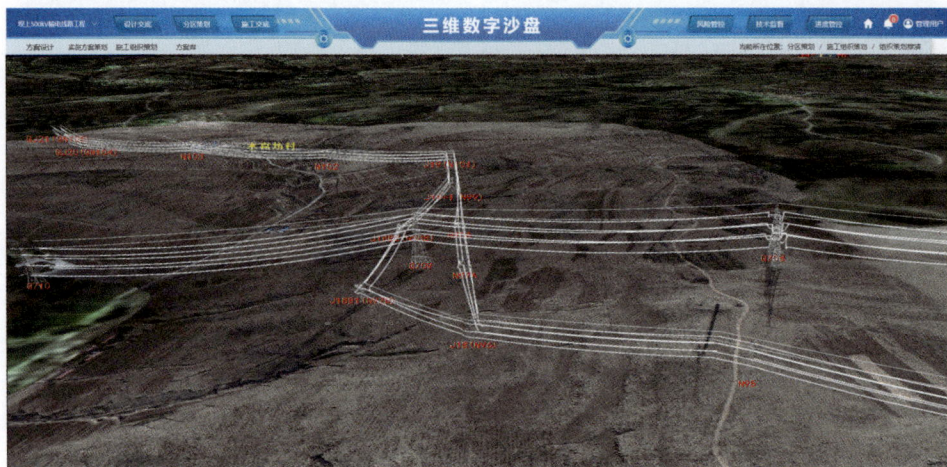

图 4-19　三维场景搭建

结合大数据三维数字沙盘在"六精四化"全过程建设过程中的应用需求，从提高设计应用水平的角度出发，结合设计需求中与地理相关的影响因素，分析了换流站站址三维设计平台功能需求。

结合功能需求分析成果，搭建了三维数字沙盘平台，在该平台上可高效利用高精度的点云地理模型开展输电线路机械化施工工作。

4.3 大数据三维数字沙盘在线路工程的应用

4.3.1 具象化交底

张北坝上 500kV 输电线路工程对基础阶段、组塔阶段及架线阶段分别进行了具象化交底，交底内容涵盖工程概况、施工工艺、安全措施等诸多方面。所有交底纪要均已提交审核，设计交底单如图 4-20 所示。

图 4-20　设计交底单

基于设计交底内容，张北坝上 500kV 输电线路工程共添加 447 处文模关联，其中，基础阶段文模关联 154 处，主要包括板式直柱基础、挖空基础、灌注桩基础、岩石嵌固基础等基础形式关联、C30 级混凝土、C25 级混凝土、C15 级混凝土等混凝土强度等级关联、HRB400 级钢筋、HRB300 级钢筋、5.6 级钢筋等基础钢筋级别关联等，基础阶段文模关联如图 4-21 所示。

组塔阶段文模关联 106 处，主要包括新建自立式铁塔共 106 基，其中，双回路悬垂直线角钢铁塔 72 基，双回路耐张转角角钢铁塔 24 基，双回路终端角

121

钢铁塔 2 基，单回路耐张转角钻越角钢铁塔 8 基，组塔阶段文模关联如图 4-22 所示。

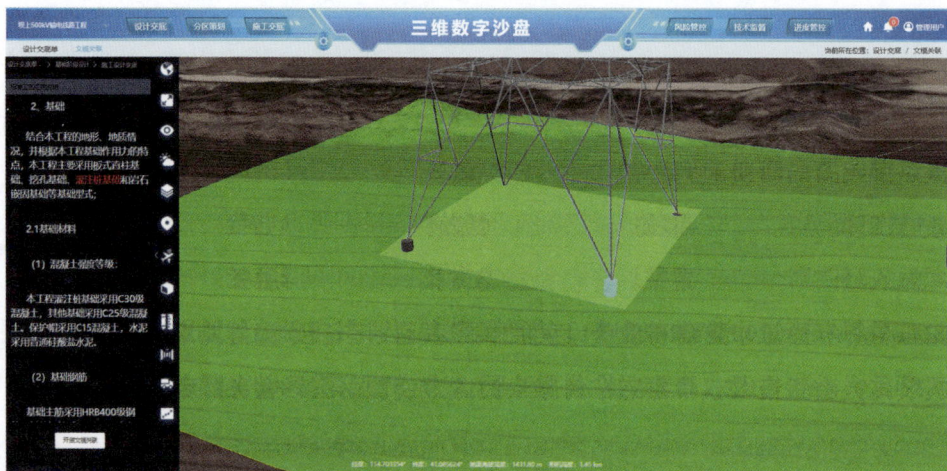

图 4-21　基础阶段文模关联

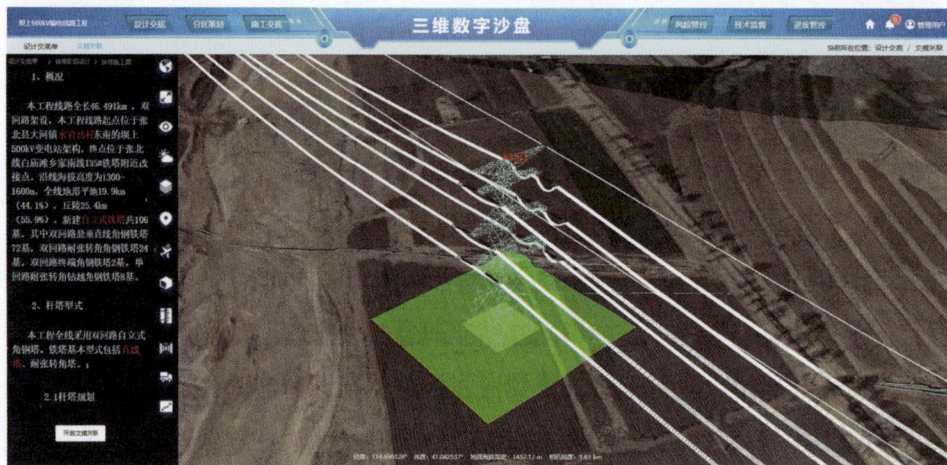

图 4-22　组塔阶段文模关联

架线阶段文模关联 187 处，主要包括 OPGW-150（72）光缆和 LBGJ-150-40AC 铝包钢绞线关联，导线防震锤关联、子导线间隔棒关联等，架线阶段文模关联如图 4-23 所示。

图 4-23　架线阶段文模关联

4.3.2　分区策划

张北坝上 500kV 输电线路工程以放线段为单元进行了分区策划，主要包括标绘设计内容、单基策划、运输方案策划、三跨方案设计、放线施工设计、施工场地布置、策划方案管理等内容。

1. 方案标绘

张北坝上 500kV 输电线路工程在已有 286.81km 道路基础上，共策划新建道路为 26.13km、拓宽道路为 74.10km、修缮道路为 0.99km；永临占地面积共策划 378023.36m²，包括永久占地面积为 32187.78m²、临时占地面积为 345835.58m²；材料站共策划三处分别为中转 1 站、中转 2 站和材料站，其中，中转 1 站占地面积为 7189.10m²；中转 2 站占地面积为 6032.78m²；材料站占地面积为 6424.20m²；张力场及牵引场选址设计共针对 30 处放线段进行了策划；班组驻地共策划 3 处，服务整个工程。方案标绘如图 4-24 所示。

2. 单基策划

张北坝上 500kV 输电线路工程对所有塔位进行了策划，共 105 处。基于设计信息进行统计，包括塔位所属标段、杆塔号、桩位号、推荐塔型、永久占地面积与临时占地面积等。单基策划表如图 4-25 所示。

123

图 4-24　方案标绘

图 4-25　单基策划表

3. 运输方案策划

运输方案策划基于中转 1 站、中转 2 站和材料站三处进行，涵盖全部杆塔。其中，中转 1 站服务杆塔 53 基；中转 2 站服务杆塔 52 基；材料站服务杆塔 105 基。每基杆塔基于已有道路及临时道路基于智能算法分别策划数个运输方案，经算法权重打分后，选择最优运输方案，自动录入系统。同时，对于同时受多个材料站服务的杆塔，针对不同材料站分别策划，运输方案策划如图 4-26 所示。

图4-26 运输方案策划

4. 放线施工设计

放线施工针对 N01～N11、N11～N27、N27～N35、N35～N49、N49～N58、N58～N76、N76～N89、N90～N96、N98～N105 共九个放线段进行设计。依照设计原则，对该工程放线段划分，结果见表4-7。

表4-7 张北坝上500kV输电线路工程放线段划分表

放线段名称	放线段杆塔
N01～N11	N01、N02、N03、N04、N05、N06、N07、N08、N09、N10、N11
N11～N27	N11、N12、N13、N14、N15、N16、N17、N18、N19、N20、N21、N22、N23、N24、N25、N26、N27
N27～N35	N27、N28、N29、N30、N31、N32、N33、N34、N35
N35～N49	N35、N36、N37、N38、N39、N40、N41、N42、N43、N44、N45、N46、N47、N48、N49
N49～N58	N49、N50、N51、N52、N53、N54、N55、N56、N57、N58
N58～N76	N58、N59、N60、N61、N62、N63、N64、N65、N66、N67、N68、N69、N70、N71、N72、N73、N74、N75、N76
N76～N89	N76、N77、N78、N79、N80、N81、N82、N83、N84、N85、N86、N87、N88、N89
N90～N96	N90、N91、N92、N93、N94、N95、N96
N98～N105	N98、N99、N100、N101、N102、N103、N104、N105

以 N01～N11 放线段为例，该放线段张力场占地面积为 2876.04m²，牵引场

占地面积为 2675.99m²；导线型号 GJ－50，架空线长度自重为 4.04N/m²，控制挡挡距为 547.364m，控制挡高差为 27.252m，控制点距牵引侧杆塔水平距离为 300m，控制点距牵引侧杆塔悬挂点高差为 28m，架空线距控制点垂直净距离为 8m，控制挡水平张力为 29640.11N；导线破断拉力为 57800N，架空线挡位长度自重为 4.04N/m，架空线与滑车摩擦系数为 1.015，设计安全系数为 1.00，张力机出口张力为 29204.34N。放线施工设计如图 4－27 所示。

图 4－27　放线施工设计

5. 三跨方案设计

工程针对 J8（N54）～J9（N58）放线段中 N54～N55 跨越海张高速 K1370＋634m、G207 国道 K998＋685m 重要交跨进行设计，采用半封网半跨越架跨越方式进行，三跨方案设计如图 4－28 所示。其中，封网跨越设计需进行封网计算、滑车/横梁安装、封网受力计算、弧垂计算、导线放线计算、净空距离计算等；跨越架跨越设计需进行跨越架计算、横梁安装计算、跨越架荷载计算、安全校验等。

封网计算参数包括：跨越导线直径为 26.82mm，风速为 27m/s，风载体型系数为 1.1，导线水平张力为 24620.876N，跨越挡挡距为 532.589m，悬垂绝缘子长度为 8.121m，导线单位重量为 13.22N/m，跨越点与前塔距离为 140m，被跨越物宽度为 70m，跨越点交跨角为 76°，保护网长度为 2.5m，被跨线路两边水平距离为 2m，封网计算结果为绝缘绳网长度为 76.702m、宽度为 8.258m，风偏距离为 3.129m，导线落网长度为 76.702m。

图 4-28　三跨方案设计

滑车/横梁安装设计参数包括：滑车到横担距离为 2m，导线挂点高程为 1503.310m，横梁类型为分段式横梁，横梁到滑车距离为 2m，承载索挂点高程为 1473.410m，横梁拉线角度为 45°，拉线地面长度为 78m。

封网受力计算参数包括：绝缘撑杆重力为 40N，水平绳重力为 400N，隔断绳重力为 120N，O 型扣重力为 120N，承网（杆）滑车重力为 12N，承载索长度为 532.589m，封网折算单位长度重量为 0.6497N/m，截面面积为 0.00014m²，破断力为 T_p 137000.00N，单位长度重力为 1.134N，静载状态安全系数为 28.1239，后侧承载索挂点高程为 1475.910m，前侧承载索挂点高程 1503.310m，承载索挂点高差角余弦值为 0.5，跨越档档距（L）为 140m，导线落网冲击系数（K_d）为 1.7，导线落网不均衡系数（K_h）为 1.2，落网分裂子导线数量为 2，导线单位长度重力为 13.2261602085N/m，封网承重落网导线长度（L_c）为 76.702m。计算得空载状态承载索水平张力为 1286.652N，承载索折算单位荷载为 1.134N/m，安全放线状态承载索水平张力为 1911.0798N，承载索折算单位荷载为

1.7838N/m，动态事故状态承载索水平张力为 7345.4168N，承载索折算单位荷载为9.5553N/m。

弧垂计算参数包括：跨越档档距为 140m，绝缘撑杆间距为 2m，后侧承载索挂点海拔高度为 1475.91m，承载索挂点高差角余弦值为 0.5，承载索的破断力为 137000N，跨越点与一杆塔距离为 140m，承载索水平张力为7345.4168N，承载索折算单位荷载为 9.5553N/m，空载状态承载索水平张力为1286.652N，承载索折算单位荷载为1.134N/m，安全放线状态承载索水平张力为 1911.0798N，承载索折算单位荷载为 1.7838N/m，动态事故状态承载索水平张力为 7345.4168N，承载索折算单位荷载为 9.5553N/m。计算得承载索弧垂为 6.374m，承载索跨越点弧垂为 0m，承载索放线曲线模数为 0.00065043，承载索安全系数为 18.6511。

净空距离计算参数包括：后侧承载索挂点海拔高度为1475.91m，前侧承载索挂点海拔高度为1500m，承载索挂点高差角余弦值为0.5，跨越档档距为140m，跨越点与前塔距离为 140m，导线水平张力为 24620.876N，承载索与导线挂点高差Δh 为 244.487m，导线放线曲线模数为 0.0002686。计算得承载索到跨越点净空距离为 244.487m。

跨越架计算结果为：前塔跨越架长度为 14m，前塔跨越架宽度为 6m，前塔跨越架高度为 12m，后塔跨越架长度为 14m，后塔跨越架宽度为 6m，后塔跨越架高度为 12m。横梁安装计算结果为：横梁拉线角度为 45°，拉线地面长度为60m。跨越架荷载计算结果为：前塔正面风压为 23127.9187N，侧面风压为9911.9651N，垂直荷载为16000 N，水平荷载为8000 N，拉线受力为48000N；后塔正面风压为23127.9187N，侧面风压为9911.9651N，垂直荷载为16000N，水平荷载为8000N，拉线受力为48000N。安全校验结果为：拉线安全系数为3，拉线根数为6，不平衡系数为1.2，每根拉线钢丝绳最小破断力为34560N。

6. 施工场地布置

张北坝上500kV输电线路工程完成施工场地布置241处，其中，基础场地布置105处，组塔场地136处。施工场地布置如图4-29所示。

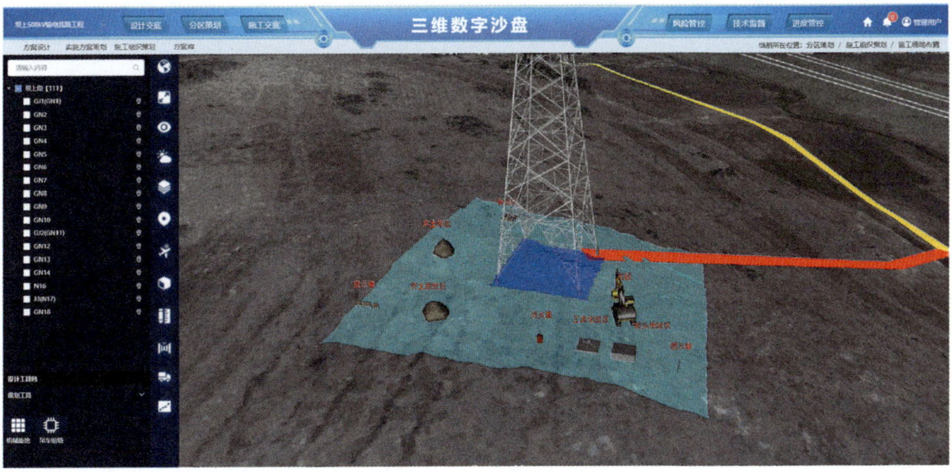

图 4-29 施工场地布置

7. 施工策划方案

张北坝上 500kV 输电线路工程完成施工策划方案导入与管理，共 46 个。主要包括张力架线施工方案、跨越施工方案、导地线压接施工方案、岩石嵌固施工方案、机械挖孔施工方案等。其中，针对 N87～N88 带电跨越 110kV 张龙线、N79～N80 跨越 110kV 张龙线、N62～N63 跨越 110kV 阎德线、N59～N60 跨越 110kV 阎张线等分别制订了专项施工方案，保证施工顺利进行。施工策划方案如图 4-30 所示。

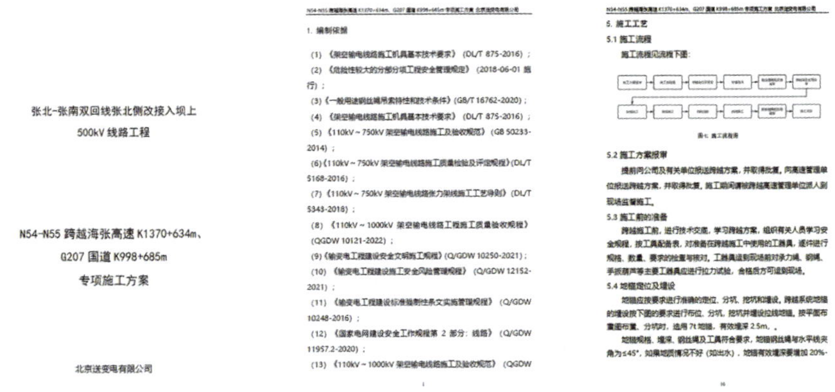

张北-张南双回线张北侧改接入坝上

500kV 线路工程

N54-N55 跨越海张高速 K1370+634m、

G207 国道 K998+685m

专项施工方案

北京送变电有限公司

1. 编制依据

（1）《架空输电线路施工机具基本技术要求》（DL/T 875-2016）；

（2）《危险性较大的分部分项工程安全管理规定》（2018-06-01 施行）；

（3）《一般用途钢丝绳吊索特性和技术条件》（GB/T 16762-2020）；

（4）《架空输电线路施工机具基本技术要求》（DL/T 875-2016）；

（5）《110kV～750kV 架空输电线路施工及验收规范》（GB 50233-2014）；

（6）《110kV～750kV 架空输电线路施工质量检验及评定规程》（DL/T 5168-2016）；

（7）《110kV～750kV 架空输电线路张力架线施工工艺导则》（DL/T 5343-2018）；

（8）《110kV～1000kV 架空输电线路工程施工质量验收规程》（QGDW 10121-2022）；

（9）《输变电工程建设安全文明施工规程》（Q/GDW 10250-2021）；

（10）《输变电工程建设施工安全风险管理规程》（Q/GDW 12152-2021）；

（11）《输变电工程建设标准强制性条文实施管理规程》（Q/GDW 10248-2016）；

（12）《国家电网建设安全工作规程第 2 部分：线路》（Q/GDW 11957.2-2020）；

（13）《110kV～1000kV 架空输电线路施工及验收规范》（QGDW

5. 施工工艺

5.1 施工流程

施工流程见流程下图：

5.2 施工方案报审

提前向公司及有关单位报送跨越方案，并取得批复，向高速管理单位报送跨越方案，并取得批复，施工期间请被跨越高速管理单位派人到现场监督施工。

5.3 施工前的准备

跨越施工前，进行技术交底，学习跨越方案，组织有关人员学习安全规程，按工具配备表，对准备在跨越施工中使用的工器具，逐件进行规格、数量、要求的检查与核对。工器具运到现场前对承力绳、钢绳、手扳葫芦等主要工器具应进行拉力试验，合格后方可运到现场。

5.4 地锚定位及埋设

地锚应按要求进行准确的定位、分坑、挖坑和埋设，跨越系统地锚的埋设按下图的要求进行布位、分坑，挖坑并埋设拉线地锚，按平面布置图布置、分坑时，选用 7t 地锚，有效埋深 2.5m。。

地锚规格、埋深、钢丝绳及工具符合要求，地锚钢丝绳与水平线夹角为≤45°，如果地质情况不好（如出水），地锚有效埋深要增加 20%-

图 4-30 施工策划方案

4.3.3　施工交底

针对分区策划所提交施工方案，张北坝上 500kV 输电线路工程完成全部 46 个施工方案的交底。交底内容基于施工方案自动生成，经人员检查、完善后进行提交，施工交底如图 4-31 所示。

图 4-31　施工交底

4.3.4　风险管理

张北坝上 500kV 输电线路工程对每基杆塔、跨越区段的不同工序可能发生的风险进行录入，共录入 105 基杆塔和 40 个跨越区段的风险信息，对于每基杆塔主要录入流动式起重机立塔和设计坑深大于等于 5m 的掏挖基础人工开挖等工序中可能发生的风险进行录入，跨越区段主要对跨越带电线路作业风险进行录入，共计录入风险总数 162 个，其中二级风险 7 个，三级风险 155 个。对未完成工序的风险信息进行"未销号"标记，对已完成工序的风险信息进行"已销号"标记，通过是否销号标记来查看风险是否解除，目前已全部完成销号。

以 N61~N62 跨越 220kV 万张一线、万张二线风险为例，小号塔为 N61，大号塔为 J10（N62），工序为跨越 66kV 及以上带电线路作业，风险位置为跨越

66kV 及以上带电线路作业，风险等级为 2 级，风险可能导致的后果为触电、高处坠落、电网事故、物体打击，风险编号为 4090202。风险控制关键因素包括以下几个方面。

（1）编制专项施工方案，跨越架应进行受力计算，强度应足够，能够承受牵张过程中断线的冲击力，施工单位还需组织专家对方案进行论证、审查。

（2）跨越不停电电力线路，在架线施工前，施工单位应向运维单位书面申请该带电线路"退出重合闸"，获得许可后方可进行不停电跨越施工。施工期间发生故障跳闸时，在未取得现场指挥同意，不得强行送电。

（3）遇雷电、雨、雪、霜、雾，相对湿度大于85%或 5 级以上大风天气时，严禁进行不停电跨越作业。

（4）跨越档两端铁塔的附件安装必须进行二道防护，并采取有效接地措施。

（5）安全监护人必须到岗履职，防止操作人员误登带电侧。

（6）施工使用各类绳索尾端应采取固定措施，防止滑落或飘移至带电体。

（7）导引绳通过跨越架必须使用绝缘绳做引绳，最后通过跨越架的导线、地线、引绳或封网绳等必须使用绝缘绳做控制尾绳。

（8）在带电线路上方的导线上测量间隔棒距离时，禁止使用带有金属丝的测绳、皮尺。

（9）架线过程中，不停电跨越位置处、跨越档两端铁塔应设专人监护，监护人应配备通信工具，且应与现场指挥人保持联系畅通。

（10）跨越架与35kV 及以上运行电力线的最小安全距离应符合规定要求。

（11）封网所使用的网片及承力绳保持干燥；承力绳及网片与被跨越物之间按规定保持足够的安全距离。

（12）紧线过程中，人员不得站在悬空导线、地线的垂直下方；不得跨越将离地面的导线或地线；人员不得站在线圈内或线弯的内角侧。

（13）架线附件安装时，作业区间两端应装设保安接地线。施工线路有高压感应电时，应在作业点两侧加装接地线。

（14）地线有放电间隙的情况下，地线附件安装前应采取接地措施。

（15）高空压接必须双锚。跨越施工完毕后，应尽快拆除并回收带电线路上方的绳、网。

通过录入的风险信息，实现了对工程风险点的第一时间备案、查找定位及制定控制措施。同时，将整个工程设计、施工过程与十八项反事故措施进行对照排查，确保工程安全。风险信息可视化如图 4-32 所示。

图 4-32　风险信息可视化

4.3.5　技术监督

张北坝上 500kV 输电线路工程进行技术监督管理，主要对施工建设过程中的设备和基础进行质量检测，建立坝上 500kV 输电线路工程设备材料质量检测清单。通过对进场设备材料进行严格检测，确保设备材料质量符合设计要求。对不合格设备材料进行记录和处理，防止不合格材料进入施工现场。

根据上传质量检测项目的检测计划，确定每种部件需要完成的检测内容和计划上传检测报告的数量，具体检测项目如下。

1. 设备

（1）输电杆塔：铁塔，计划上传报告 3 份；紧固件，计划上传报告 10 份；基础（地脚螺栓及螺母），计划上传报告 9 份。

（2）导地线：导线，计划上传报告 5 份；地线，计划上传报告 6 份。

（3）金具："三跨"线路耐张线夹，计划上传报告 6 份；挂板联板，计划上传报告 6 份；其他金具，计划上传报告 3 份。

（4）绝缘子：盘式绝缘子，计划上传报告 1 份。

2. 基础质量检测

（1）水泥：计划上传报告 1 份。

（2）砂：混凝土用砂，计划上传报告 1 份。

（3）石：混凝土用石，计划上传报告 1 份。

（4）水：混凝土用水，计划上传报告 1 份。

（5）商混类：地下工程防水砂浆，计划上传报告 1 份；砌筑砂浆，计划上传报告 1 份；抹灰砂浆，计划上传报告 1 份；混凝土，计划上传报告 1 份；大体积混凝土，计划上传报告 1 份。

（6）混凝土外加剂：膨胀剂，计划上传报告 1 份；防冻剂，计划上传报告 1 份；泵送剂，计划上传报告 1 份；钢筋原材料，计划上传报告 1 份；钢筋焊接，计划上传报告 1 份；钢筋机械连接，计划上传报告 1 份。

（7）土工，计划上传报告 1 份。

以钢筋原材料为例，选取 5 根表面无锈蚀、无油污，长度均大于等于 500mm 的热轧带肋钢筋进行检测，主要检测钢筋的拉伸性能、弯曲性能、反向弯曲和重量偏差，检测结论为样品所检下屈服强度、抗拉强度、强屈比、超屈比、最大力总延伸率、反向弯曲、重量偏差符合标准要求。将检测合格的报告上传，完成至质量监督检测计划。钢筋原材料检测报告如图 4-33 所示。

通过制订输电线路工程基础质量检测方案，明确检测内容、检测方法和检测周期。对基础施工过程进行实时监测，确保施工质量符合设计要求。对基础质量检测结果进行记录和分析，及时发现和解决质量问题。对基础质量检测总体结果进行统计分析，为改进和优化工程质量提供数据支持。

4.3.6 进度管控

为保证工程顺利完工，利用三维数字沙盘对张北坝上 500kV 输电线路工程的杆塔和桩位进行施工进度填报，填报的施工进度状态主要有临时道路修建、物料工地运输、基础开挖施工、混凝土施工、接地施工、组塔施工、架线施工和已完成状态。进度信息填报如图 4-34 所示。

试样名称	热轧带肋钢筋 HRB400E								初检报告编号		
公称直径(mm)	10		炉批号	21A01689			代表批量(t)		60		
生产厂家	██████						调直状态		未调直		
样品数量及状态	5根 表面无锈蚀、无油污，长度均≥500mm						检验类别		见证送检		
拉伸性能											
下屈服强度(MPa)		抗拉强度(MPa)		断后伸长率(%)		强屈比		超屈比		最大力总延伸率(%)	
标准要求	检测结果	标准要求	检测结果	标准要求	检测结果	标准要求	检测结果	标准要求	检测结果	标准要求	检测结果
	435		675	——			1.55		1.09		14.8
≥400	430	≥540	660			≥1.25	1.53	≤1.30	1.08	≥9.0	13.5
弯曲性能				反向弯曲				重量偏差(%)			
标准要求		检测结果		标准要求		检测结果		标准要求		检测结果	
——		——		钢筋受弯曲部位表面不得产生裂纹		无裂纹		██		-2.9	
依据标准	GB/T 1499.2-2018, GB/T 28900-2022										
检测结论	样品所检下屈服强度、抗拉强度、强屈比、超屈比、最大力总延伸率、反向弯曲、重量偏差符合GB/T 1499.2-2018标准对HRB400E的要求。										
备注	矫直方式：人工矫直										
声明	1.本检测报告无检验检测专用章和资质认定标志章无效；无检测、审核、批准签字无效；复印报告加盖检验检测专用章有效。2.送样检测，仅对来样负责。3.若有异议，请于收到报告之日起十五日内书面提出，逾期视为无异议。机构地址：承德双桥区桥东北山碧嘉园小区5号楼101-301号；电话：0314-2255806；邮编：067000。检测地址代码：E。										

图 4-33 钢筋原材料检测报告

图 4-34 进度信息填报

　　根据填报的每基杆塔的施工进度进行不同施工阶段的杆塔数量的施工情况统计，对坝上段施工整体进度进行把控，目前已全部完成施工，并根据更新时间表现出项目的提前竣工。进度信息统计如图4-35所示。

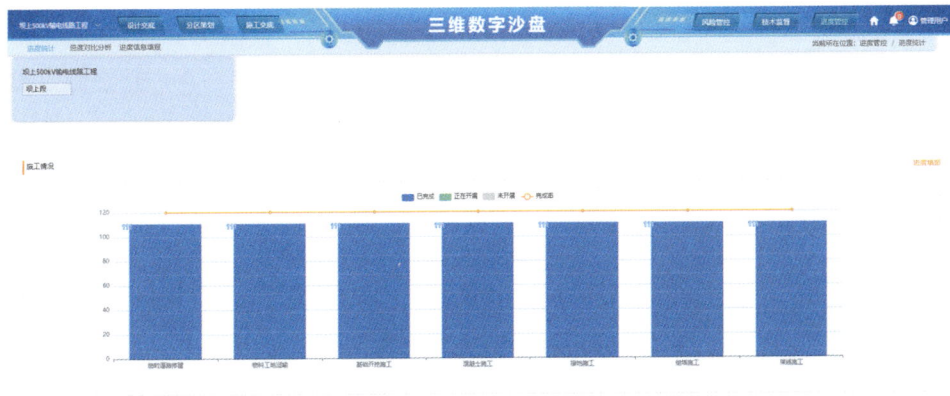

图4-35　进度信息统计

　　利用三维数字沙盘对张北坝上500kV输电线路工程进行计划进度编排与推演，对N01～N105中9个放线段上传推演动画展示施工进度变化，时间轴不仅包括各个施工阶段的开始时间和结束时间，还详细列出了每个阶段需要完成的具体任务、所需资源及工序名称。本工程施工组织策划推演应用如图4-36所示，利用三维动画展示了施工组织编排方案效果。

图4-36　施工组织策划推演应用

4.4　大数据三维数字沙盘在变电工程中的应用

本节通过建立坝上 500kV 变电站数字化大数据三维数字沙盘，整合施工设计方案、全过程机械化施工相关策划及管理流程、施工组织模式、标准化作业等工作内容，利用 3D、GIS、BIM、智能决策技术，建立数据一体化协同平台，对施工建设全过程数据进行统筹。

4.4.1　具象化交底

坝上 500kV 变电工程对总图阶段与结构阶段分别进行了具象化交底，交底内容涵盖工程概况、施工工艺、安全措施等诸多方面。所有交底纪要均已提交审核，如图 4－37 所示。

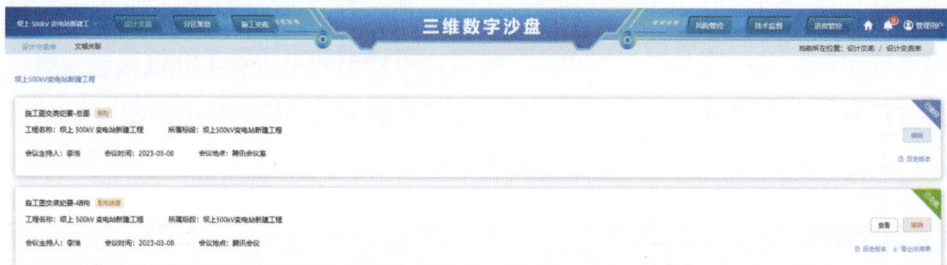

图 4－37　设计交底单

基于设计交底内容，坝上 500kV 变电工程共添加 147 处文模关联，其中，总图阶段文模关联 54 处，主要包括配电装置关联、进站道路关联、主变压器设备关联、无功设备关联等，如图 4－38 所示。

结构阶段文模关联 93 处，主要包括变电站桩基础、并联电容器、农作物、填挖方等，如图 4－39 所示。

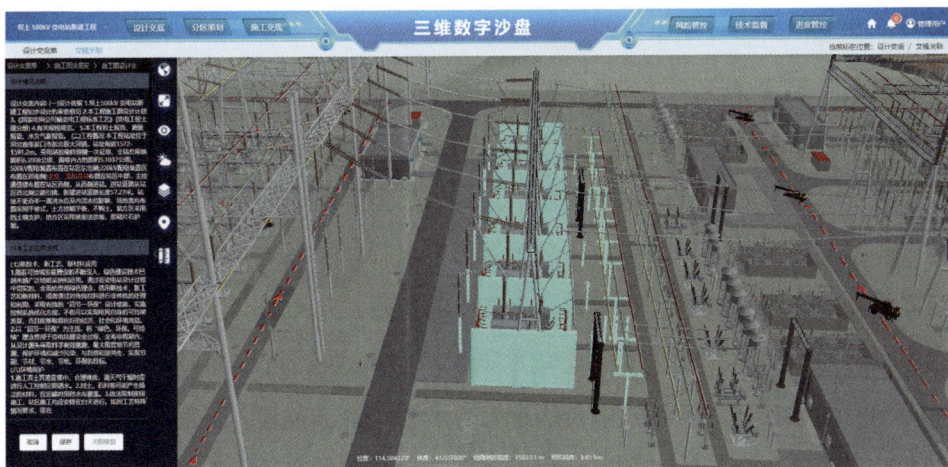

图 4-38　总图阶段文模关联

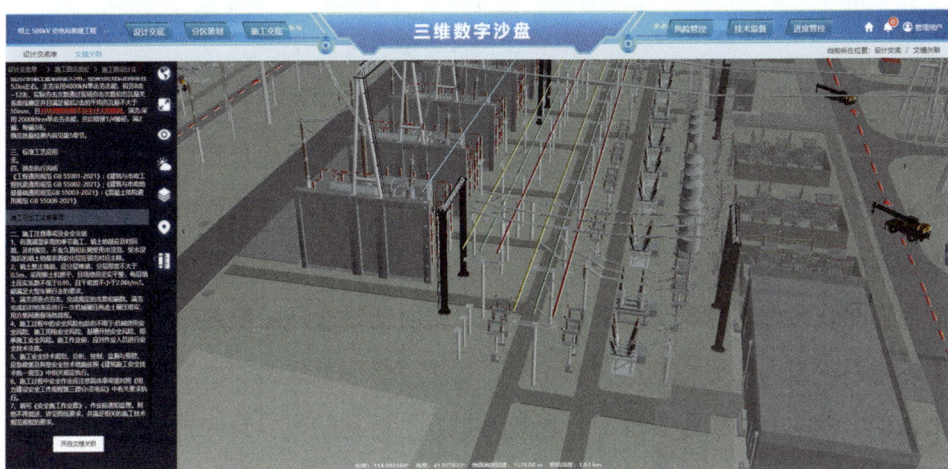

图 4-39　结构阶段文模关联

4.4.2　分区策划

坝上 500kV 变电工程分区进行了分区策划，包括标绘设计内容与施工策划方案两部分。

（1）方案标绘。坝上 500kV 变电工程，共策划吊车路径 2 条；吊装位置 17 个；物料堆放区 2 处，物料堆放一区占地面积为 537.50m²，物料堆放二区占地面积为 746.08m²；班组驻地共策划 1 处，占地面积为 13112.16m²。方案标绘如图 4-40 所示。

图 4-40　方案标绘

（2）施工策划方案。坝上 500kV 变电工程完成施工策划方案编制与管理，共 4 个。分别为软母线安装方案、硬母线安装方案、全站构支架及独立避雷针安装专项施工方案与 500kV HGIS 安装方案，如图 4-41 所示。

图 4-41　施工策划方案

4.4.3　施工交底

针对分区策划所提交施工方案，坝上 500kV 变电工程完成全部 4 个施工方案的交底。交底内容基于施工方案自动生成，经人员检查、完善后进行提交，施工交底如图 4-42 所示。

图 4-42　施工交底

4.4.4　风险管理

三维数字沙盘对张北坝上 500kV 变电站新建工程中不同施工部件可能发生的风险进行三维可视化添加，添加风险主要有 500kV 构架吊装、220kV 构架吊装、66kV 构架吊装、主变压器构架吊装、66kV 管母线安装、主变压器中性点管母线安装、500kV 管母线安装、管母线预制。支撑式安装、悬吊式安装、软母线制作、软母线架设、软母线跳线引下线、户外 GIS 就位安装、设备支架吊装、构架拼接等，共计录入风险总数 16 个。其中，三级风险 11 个、四级风险 5 个。对未完成工序的风险信息进行"未销号"标记，对已完成工序的风险信息进行"已销号"标记，通过是否销号标记来查看风险是否解除，目前已全部完成销号。

以主变压器构架安装吊装为例进行录入，风险名称为主变压器构架吊装，所属标包坝上 500kV 变电站新建工程，风险编号为 2050202，风险位置信息如图 4-43 所示。

139

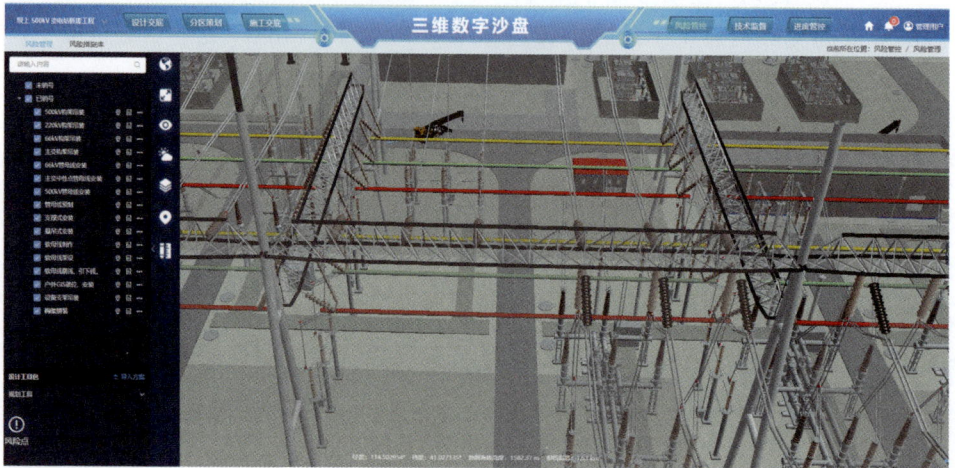

图 4-43　风险位置信息

通过查阅风险措施库了解到预控措施如下：

（1）吊点位置的确定，必须按各台起重机允许起重量，经计算后，按比例分配负荷。

（2）在抬吊过程中，各台起重机的吊钩钢丝绳应保持垂直，升降行走应保持同步。各台起重机所承受的载荷，不得超过各自的允许起重量的80%。

（3）吊装作业设专人指挥，吊臂及吊物下严禁站人或有人经过。

（4）吊起的重物不得在空中长时间停留。在空中短时间停留时，操作人员和指挥人员均不得离开工作岗位。起吊前，应检查起重设备及其安全装置；重物吊离地面约 10cm 时，应暂停起吊并进行全面检查，确认良好后，方可正式起吊。

（5）起重机在工作中，如遇机械发生故障或有不正常现象时，放下重物、停止运转后进行排除，严禁在运转中进行调整或检修。如起重机发生故障无法放下重物时，必须采取适当的保险措施，除排险人员外，严禁任何人进入危险区。

（6）严禁以运行的设备、管道及脚手架、平台等作为起吊重物的承力点。

（7）夜间照明不足、指挥人员看不清工作地点、操作人员看不清指挥信号时，不得进行起重作业。

（8）高处作业所用的工具和材料放在工具袋内或用绳索拴在牢固的构件上，较大的工具系有保险绳。上下传递物件使用绳索，不得抛掷。

（9）如起重机发生故障无法放下重物时，必须采取适当的保险措施，除专业排险人员外，严禁任何人进入危险区。

（10）起重作业中，如遇有六级及以上大风、雷暴、冰雹、大雪等恶劣天气时，停止起重和露天高处作业。

（11）在改扩建工程进行本工序作业时，还应执行"03050102 土建间隔扩建施工"的相关预控措施。

4.4.5　技术监督

为确保张北坝上 500kV 变电工程的质量和安全，制订变电设备和基础的技术监督方案。首先建立详尽的设备材料质量检测计划清单。技术监督如图 4－44 所示。

图 4－44　技术监督

检测项目涵盖设备的性能参数、材料的质量指标及安全性能等多个方面，确保对设备材料进行全面的评估。通过变电工程技术监督方案，确保变电工程所使用的设备和基础材料质量可靠稳定，为工程的顺利进行提供有力保障。具体变电站质量检测如下。

1. 设备

（1）钢结构：钢结构焊接，计划上传报告 1 份；焊钉（栓钉），计划上传报告 1 份；钢结构普通螺栓，计划上传报告 1 份；高强度六角头螺栓连接副，计划上传报告 1 份；扭剪型高强度螺栓连接副，计划上传报告 1 份；防腐涂层，计划上传报告 2 份；防火涂料，计划上传报告 3 份。

（2）水泥：水泥，计划上传报告 1 份。

（3）砂：混凝土用砂，计划上传报告 1 份。

2. 基础质量检测

（1）石：混凝土用石，计划上传报告 1 份。

（2）水：混凝土用水，计划上传报告 1 份。

（3）商混类：地下工程防水砂浆，计划上传报告 1 份；砌筑砂浆，计划上传报告 1 份；抹灰砂浆，计划上传报告 1 份；混凝土，计划上传报告 1 份；大体积混凝土，计划上传报告 1 份。

（4）混凝土外加剂：膨胀剂，计划上传报告 1 份；防冻剂，计划上传报告 1 份；泵送剂，计划上传报告 1 份。

（5）钢筋类：钢筋原材料，计划上传报告 4 份；钢筋焊接，计划上传报告 1 份；钢筋机械连接，计划上传报告 1 份。

（6）土工：土工，计划上传报告 1 份。

以"剥肋滚轧直螺纹钢筋接头"为例，通过疲劳试验机；微机液压万能试验机；数显卡尺对 Rel、Rem；单向拉伸性能；高反应力反复拉伸性能；大变形反复拉伸性能进行检测。将检测合格的报告上传，完成至质量监督检测计划。剥肋滚轧直螺纹钢筋接头检测报告如图 4-45 所示。

通过制订变电工程基础质量检测方案，对质量检测结果进行记录和分析，及时发现和解决质量问题。对质量检测总体结果进行统计分析，确保及时发现和解决潜在的问题，为改进和优化工程质量提供数据支持。

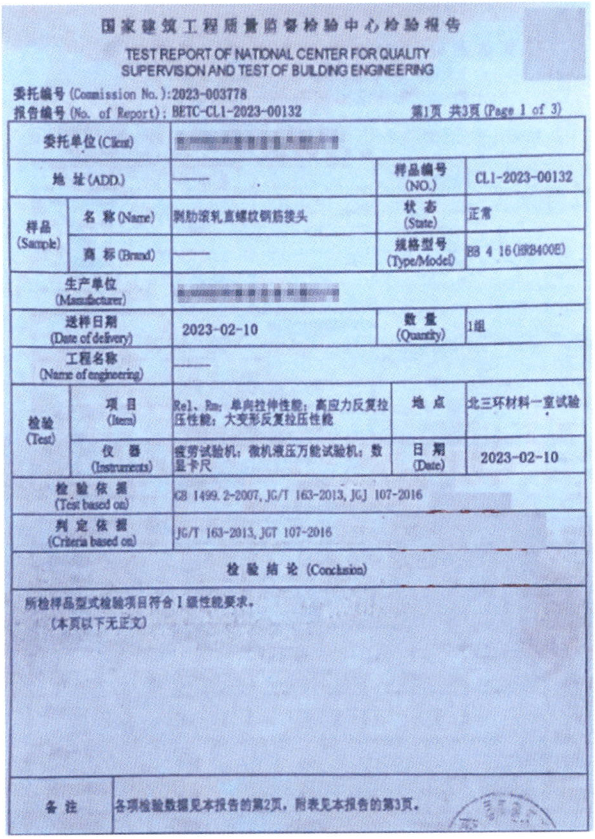

图 4-45 剥肋滚轧直螺纹钢筋接头检测报告

4.4.6 进度管控

为保证工程顺利完工，利用三维数字沙盘对张北坝上 500kV 变电站工程进行进度管控，首先制订不同的设备类型的计划进度，对每种设备填报计划的开始日期和结束日期，并根据实际情况对开始日期和结束日期进行更新。

设备类型包括构架设备、软管母线设备安装、配电设备安装等方面，现场按照计划进度进行施工，并根据现场每个具体设备的施工情况及时进行当前实际进度反馈，当前施工进度包括未开展、正在开展和已完成，如图 4-46 所示。通过填报的进度信息进行目前实际进度和计划进度统计，如图 4-47 所示，显示每种设备的施工状态和完成率，并进行进度对比分析。通过进度对比分析结果，使得滞后和超前的情况一目了然，并根据填报的实际进度的更新时间，看出滞后和超前的具体设备，及时对滞后进度的工作进行调控，对超前的进度进行经验分析，确保项目在结束日期之前顺利完成。

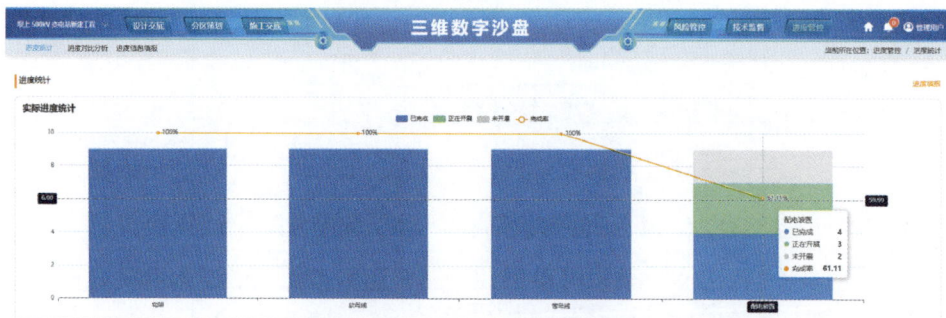

图4-46 施工实际进度统计

图4-47 进度信息填报

4.5 实施效果综合评价

通过第三章对大数据数字沙盘的详细介绍及第四章大数据数字沙盘工程应用的了解，大数据数字沙盘功能模块建设主要围绕落实"六精四化"要求设计，分为具象化交底、分区策划、施工交底、风险管理、技术监督、进度管控 6 个业务模块。对大数据数字沙盘进行评价如下。

（1）具象化交底：大数据三维数字沙盘相比传统二维图纸设计资料，形象直观，真正打通了设计与施工之间的衔接。大数据数字沙盘对现有设计向施工交底内容进行优化，结合 BIM 技术、地理信息技术和通道数据，进行三维数字沙盘搭建，并将设计交底内容进行三维可视化表达，结合交底文档，进行文模关联，优化交底内容，创新交底模式。

（2）分区策划：大数据三维数字沙盘其数据精度、时效性均高于传统基于奥维地图等信息化的手段，可为施工单位节约大量人力、物力，加强现场复测深度，大数据数字沙盘围绕分区规划构建了全局统筹、分区策划、策划单编制、机械设备管理等内容的解决方案，大幅提升内业方案策划的精度并减轻外业工作量，提升策划质量。

（3）施工交底：大数据三维数字沙盘相比传统施工交底主要通过口头传达的形式，固化了交底模式，强化了交底质量把关，加强了对施工过程的具体指导。

（4）风险管理：大数据三维数字沙盘相比传统的安全风险管控，增加了三维可视化场景支撑和施工措施模拟分析，管理手段直观，形成了真正的风险闭环管理。

（5）技术监督：大数据三维数字沙盘通过对进场设备材料检测数字化管理，确保设备材料质量符合设计要求，对不合格设备材料进行记录和处理，防止不合格材料进入施工现场，进一步提高了施工物料管理水平。

（6）进度管控：大数据三维数字沙盘相比传统的施工进度管控，形成了科学合理的资源统筹安排，实现了施工资源的高效调配与精细化管控。实体沙盘只能提供一种视觉展示，但无法实现数据的实时更新和可视化，而大数据三维数字沙盘系统则克服了这种缺陷，提供丰富的数据接口，支持所有施工信息的录入，将施工进度以数字化的形式展示，方便业主、施工人员及管理人员三者清晰了解施工进度，以保证工期的如期完成。

5 结 论 与 展 望

5.1 应 用 前 景

大数据三维数字沙盘在输电工程中有着广阔的应用前景。通过结合大数据技术和三维数字沙盘，可有效地改进输电工程的规划与设计、施工、运维等方面的工作。

输电线路规划与设计：大数据三维数字沙盘可以利用大数据技术对地理信息、气象数据、地形数据等进行分析和模拟，辅助输电线路的规划和设计。通过对大量的数据进行计算和仿真，可以优化线路的走向、高度和材料选择，以提高输电线路的可靠性和经济性。

输电线路施工管理：在输电线路的施工管理中，大数据三维数字沙盘可以实时监测施工进度、资源利用和质量控制等情况。通过与实际施工数据的对比分析，可及时发现问题和风险，并进行决策和调整。同时，大数据分析还可以提供施工资源的优化配置和施工方案的评估，以提高施工效率和降低成本。

输电设备运维与维护：大数据三维数字沙盘可整合输电设备的运行数据、故障数据和维护记录等信息，实现对设备运行和维护的全面监测和分析。通过数据挖掘和智能算法，可以预测设备的故障概率和维护需求，提前制订维护计划和资源调度。此外，大数据三维数字沙盘还可以模拟设备的运行状态和故障处理过程，培训运维人员的应急能力和决策能力。

输电网络优化与安全防护：大数据三维数字沙盘可以对输电网络进行全面

的优化和安全防护。通过对输电网络的拓扑结构、负载分布和设备状态等数据进行分析和建模，可以进行电力流、电压稳定性和短路等方面的仿真计算。基于这些计算结果，可以优化输电网络的运行策略，提高电网的可靠性和稳定性。同时，大数据分析还可以检测和预防潜在的安全隐患，提升输电网络的安全性和抗干扰能力。

输电工程教育和培训：大数据三维数字沙盘可以为输电工程领域的教育和培训提供强有力的支持。学生和工程师可以通过数字沙盘进行虚拟实践和操作，模拟不同的输电工程场景和问题，并进行决策和优化。这有助于培养学生和工程师的实践能力和创新意识，提高他们在输电工程领域的竞争力。

综上所述，大数据三维数字沙盘在输电工程中具有广泛的应用前景。它将为输电工程的规划与设计、施工、运维方面带来创新和改进，提高输电系统的可靠性、效率和安全性。随着大数据技术的不断发展和应用的深入推广，大数据三维数字沙盘将成为输电工程领域的重要工具。

5.2　发　展　趋　势

随着大数据、人工智能和可视化技术的快速发展，数字沙盘在电力工程中的应用逐渐成为一种趋势。为满足数字电网的持续化发展需求，为电力施工带来更加智能可视的设计方案，数字沙盘将与虚拟现实技术、物联网技术及云计算和边缘计算技术进一步融合，具体体现为：

（1）通过虚拟现实技术，用户可以沉浸在一个虚拟的电力工程环境中，实时体验和交互。虚拟现实技术可以将虚拟信息与现实场景相结合，为用户提供更直观和丰富的信息展示。

（2）随着物联网技术的发展，数字沙盘将能够更准确地采集和整合实时数据。物联网技术可以用于监测电力设备的运行状态、环境参数和人员位置等，为数字沙盘提供更真实和精确的数据源。

（3）云计算和边缘计算技术将为数字沙盘提供更强大的计算能力和存储能力。通过云计算、数字沙盘可以处理和分析大规模的数据，实现更复杂的模拟和预测。边缘计算可以在离散的边缘设备上进行实时数据处理和决策，提高数字沙盘的响应速度和实时性。

与此同时，通过数字沙盘与上述等技术的进一步融合，数字沙盘将为用户提供更直观和丰富的信息展示，具体体现在以下几个方面。

（1）数字沙盘将成为数据共享和开放平台的重要组成部分。通过与其他系统和数据源的集成，数字沙盘可以获取更多的数据资源，并为其他系统提供可视化和决策支持的能力。例如，数字沙盘可以与城市规划和交通系统相结合，实现电力供应与城市发展的优化和协调。

（2）数字沙盘将具备自适应和预测性能，能够根据不同的场景和需求进行灵活调整和预测。例如，数字沙盘可以根据不同的电力工程类型和规模，自动调整模型和算法，提供更准确的结果和建议。

（3）数字沙盘将实现更紧密的人机协同和交互性。通过与人的自然语言交互和手势识别等技术的结合，数字沙盘可以更好地理解和响应用户的需求，提供更直观和智能化的用户体验。

（4）数字沙盘作为一种创新的工具和技术，在电力工程领域的应用前景广阔。数字沙盘将在电力工程的规划、设计、施工、运维等各个环节中发挥越来越重要的作用。未来，数字沙盘将能够提供更准确、高效和智能化的决策支持，助力电力工程的全生命周期管理和优化。

附录 A   风险等级划分原则

风险等级评价原则通常用以下公式来表示：

风险值：

$$D = L \times E \times C$$

式中 L——发生事故的可能性大小；

E——人体暴露在这种危险环境中的频繁程度；

C——一旦发生事故会造成的损失结果。

（1）可能性 L：指风险成为事实的概率或意外事件变为后果的概率。事故可能性的分值见表 A.1。

表 A.1   事 故 可 能 性 的 分 值

序号	事故序列发生的可能性		分值
	安全、环境	职业健康	
1	如果风险事件发生，最可能产生和预期的结果	频繁：半年一次	10
2	很可能（50%）	持续：每年一次	6
3	可能（25%）	经常：1～2 年一次	3
4	可能性低，曾发生过	偶然：3～9 年一次	1
5	可能性很低，多年未发生过	很难：10～20 年一次	0.5
6	可能性极低，从没发生过	罕见：几乎没有	0.1

（2）频繁程度 E。

1）事故序列。发生一系列意外事件，直至伤害和损失发生为止的过程。

2）第一个意外事件：最接近不良影响的，可能会引发工程停工等重大影响，不满足设计标准需要的行为。风险的频繁指数见表 A.2。

表 A.2 风 险 的 频 繁 指 数

序号	引发事故序列的第一个意外事件发生的频率		分值
	安全、环境	职业健康	
1	持续（每天多次）	大于法定极限值 2 倍	10
2	很可能（每天一次）	大于法定极限值 1~2 倍	6
3	有时（每周一次到每月一次）	在法定极限值内	3
4	偶尔（每月一次到每年一次）	低于法定极限值但高于正常水平	2
5	很少（曾经发生过）	正常水平	1
6	特别少（有可能，但没有发生过）	低于正常水平	0.5

（3）后果 C：一般指人身伤亡。即因为出现风险事故而对参与施工的员工或是进入施工场地的人员造成人身伤害甚至是死亡事件。

对输变电工程建设安全风险采用半定量 LEC 安全风险评价法，根据评价后风险值的大小及所对应的风险危害程度，将风险从大到小分为五级，一级到五级分别对应：极高风险、高度风险、显著风险、一般风险、稍有风险。风险分级见表 A.3。

表 A.3 风 险 分 级

风险等级	风险大小	说明
一级风险	极高风险	指作业过程存在极高的安全风险，即使加以控制仍可能发生群死群伤事故，或五级电网事件的施工作业。一级风险乃计算所得数值，实际作业必须通过改变作业组织或采取特殊手段将风险等级降为二级以下风险，否则不得作业
二级风险	高度风险	指作业过程存在很高的安全风险，不加控制容易发生人身死亡事故，或者可能发生六级电网事件的施工作业
三级风险	显著风险	指作业过程存在较高的安全风险，不加控制，可能发生人身重伤或死亡事故，或者可能发生七级电网事件的施工作业
四级风险	一般风险	指作业过程存在一定的安全风险，不加控制，可能发生人身轻伤事故的施工作业
五级风险	稍有风险	指作业过程存在较低的安全风险，不加控制，可能发生轻伤及以下事件的施工作业

附录 B 线路工程不同工序风险描述

（1）土石方工程风险描述见表 B.1。

表 B.1   土石方工程风险描述

施工工序	风险等级	风险可能导致的后果
设计坑深大于等于 5m 深基坑土石方人工开挖	4	坍塌、机械伤害
岩石基础人工成孔	3	窒息、中毒、高处坠落、物体打击
岩石基础爆破作业	2	窒息、中毒、爆炸、高处坠落、物体打击
大坎、高边坡基础开挖	3	坍塌、触电、高处坠落、物体打击
设计坑深小于 16m 的人工挖孔桩基础作业	3	触电、中毒、窒息、坍塌、高处坠落、物体打击

（2）钢筋工程风险描述见表 B.2。

表 B.2   钢 筋 工 程 风 险 描 述

施工工序	风险等级	风险可能导致的后果
钢筋及声测管绑扎安装作业（设计坑深大于等于 5m 的掏挖基础、设计坑深小于 16m 的人工挖孔桩基础等）	3	中毒、窒息、高处坠落、物体打击

（3）工地运输风险描述见表 B.3。

表 B.3   工 地 运 输 风 险 描 述

施工工序	风险等级	风险可能导致的后果
金属索道架设及运输	3	坍塌、机械伤害、高处坠落、物体打击

（4）基础工程风险描述见表 B.4。

表 B.4　　　　　　基 础 工 程 风 险 描 述

施工工序	风险等级	风险可能导致的后果
高度在 2～8m 或跨度 10m 及以上模板安装和支护	3	坍塌、物体打击
高度 8m 及以上或跨度 18m 及以上的模板支护	2	坍塌、物体打击
搭设平台（跨度或高度大于 2m）	2	坍塌、高处坠落

（5）杆塔施工风险描述见表 B.5。

表 B.5　　　　　　杆 塔 施 工 风 险 描 述

施工工序	风险等级	风险可能导致的后果
附着式外拉线抱杆分解组立	2	物体打击、机械伤害、高处坠落
内悬浮外拉线抱杆分解组塔	3	物体打击、机械伤害、高处坠落
内悬浮内拉线抱杆分解组塔	2	物体打击、机械伤害、高处坠落
落地通天抱杆分解吊装组立（带摇臂）	3	物体打击、机械伤害、高处坠落
落地通天抱杆分解吊装组立（不带摇臂）	3	物体打击、机械伤害、高处坠落
流动式起重机立塔（塔高 60m 以上）	3	物体打击、机械伤害、高处坠落
临近带电体组立杆塔	2	触电、物体打击、机械伤害、高处坠落

（6）架线施工风险描述见表 B.6。

表 B.6　　　　　　架 线 施 工 风 险 描 述

施工工序	风险等级	风险可能导致的后果
一般跨越架搭设和拆除（全高 18m 及以上至 24m 以下）	3	倒塌、触电、物体打击、高处坠落、公路通行、中断
一般跨越架搭设和拆除（全高 24m 及以下）	2	倒塌、触电、物体打击、高处坠落、公路通行、中断
跨越 2 级及以上公路封网、拆网	3	倒塌、物体打击、公路通行、中断
跨越高速公路封网、拆网	2	倒塌、高空坠落、物体打击、公路通行、中断
跨越铁路封网、拆网	2	倒塌、触电、高空坠落、电铁停运
导地线展放	3	坠机、火灾、触电、高空坠落、物体打击、机械伤害、起重伤害、其他伤害

续表

施工工序	风险等级	风险可能导致的后果
导地线展放（内含二级风险跨越）	2	坠机、火灾、触电、高空坠落、物体打击、机械伤害、其他伤害
紧线、挂线作业	3	触电、高空坠落、物体打击、机械伤害、起重伤害、其他伤害

附录 C 变电工程不同工序风险描述

变电工程不同工序风险描述见表 C.1。

表 C.1　　　　　　　　　变电工程不同工序风险描述

施工工序	风险等级	风险可能导致的后果
设备支架及一般起重吊装	4	起重伤害
构架、横梁拼装	4	灼烫、火灾、爆炸、物体打击、起重伤害、其他伤害
构架、横梁及避雷针吊装	3	起重伤害、高处坠落
管母线预制	4	灼烫、机械伤害、触电中毒、其他伤害
支撑式安装	3	机械伤害、高处坠落
悬吊式安装	3	机械伤害、高处坠落
软母线制作	4	触电、机械伤害、高处坠落
软母线架设	3	触电、机械伤害、高处坠落
软母线跳线、引下线、设备连线安装	4	高处坠落
户外 GIS 就位、安装及充气	3	爆炸、触电、机械伤害、起重伤害、物体打击、高处坠落

附录 D　线路工程风险措施库

D.1　土石方工程

1. 设计坑深大于等于 5m 深基坑土石方人工开挖

（1）规范设置供作业人员上下基坑的安全通道（梯子），不得攀登挡土板支撑上下，上下基坑时，不得拉拽、不得在基坑内休息。

（2）堆土应距坑边 1m 以外，高度不得超过 1.5m。

（3）必须按照设计规定放坡，施工过程发现坑壁出现裂纹、坍塌等迹象，立即停止作业并报告班组负责人，待处置完成合格后，再开始作业。

（4）先清除山坡上方浮土、石；土石滚落下方不得有人。

（5）基坑顶部按设计规范要求设置截水沟。边坡开挖时，由上往下开挖，依次进行，不得上、下坡同时撬挖。

（6）垂直坑壁边坡条件下，弃土堆底至基坑顶边距离不应小于 3m，不得在软土场地的基坑边堆土。

（7）土方开挖过程中，必须观测基坑周边土质是否存在裂缝及渗水等异常情况，适时进行监测。

（8）规范设置弃土提升装置，确保弃土提升装置安全性、稳定性。

2. 岩石基础人工成孔

（1）规范设置供作业人员上下基坑的安全通道（梯子），基坑边缘按规范要求设置安全护栏。

（2）开挖过程中，必须观测基坑周边是否存在裂缝等异常情况，适时进行监测。

（3）人工开挖基坑，应先清除坑口浮土，向坑外抛扔土石时，应防止土石回落伤人。

（4）规范设置弃土提升装置，确保弃土提升装置安全性、稳定性。

（5）挖方区域设警戒线，各种机械、车辆严禁在开挖的基础边缘 2m 内行驶、停放。

（6）人工打孔时，扶锤人员戴防护手套和防尘罩、防护眼镜，采取手臂保护措施。打锤人员和扶锤人员密切配合，打锤人不得戴手套，并站在扶钎人的侧面。

（7）不同深度的相邻基础应按先深后浅的施工顺序进行。

（8）在悬岩陡坡上作业时，应设置防护栏杆并系安全带。

3. 岩石基础爆破作业

（1）规范设置供作业人员上下基坑的安全通道（梯子），基坑边缘按规范要求设置安全护栏。

（2）选择具有相关资质的民爆公司实施，签订专业分包合同和安全协议，并报监理、业主审批，在公安部门备案。

（3）专项施工方案由民爆公司编制，施工项目部审核，并报监理、业主审批。

（4）民爆公司作业人员必须持证上岗，爆破器材符合国家标准，满足现场安全技术要求。

（5）开挖过程中，必须观测基坑周边是否存在裂缝等异常情况，适时进行监测。

（6）规范设置弃土提升装置，确保弃土提升装置安全性、稳定性。

（7）导火索使用前，做燃速试验。使用时，其长度必须保证操作人员能撤至安全区，不得少于 1.2m。

（8）爆破前，在路口派人设置安全警戒线。

D.2 钢筋工程

钢筋及声测管绑扎安装作业（设计坑深大于等于 5m 的掏挖基础、设计坑深小于 16m 的人工挖孔桩基础等）。

（1）人工挖孔作业全程应使用深基坑作业一体化装置，待混凝土浇筑完毕后方可撤离。

（2）施工人员正确使用个人安全防护用品，严禁穿短袖、短裤、拖鞋进行作业。每日开工前，必须检测井下有无有毒、有害气体，并应制定足够的安全防护措施。

（3）桩深大于 5m 时，宜用风机或风扇向孔内送风不少于 5min，排除孔内浑浊空气。桩深大于 10m 时，井底应设照明，且照明必须采用 12V 以下电源，带罩防水安全灯具；应设置专门向井下送风的设备，风量不得少于 25L/s，且孔内电缆必须有防磨损、防潮、防断等保护措施。

（4）操作时，桩孔上人员密切观察桩孔下人员的情况，互相呼应，不得擅离岗位，发现异常，立即协助孔内人员撤离，并及时上报。

（5）在孔内上下递送工具物品时，严禁抛掷，严防孔口的物件落入桩孔内。

D.3   工地运输

金属索道架设及运输要求如下：

（1）索道架设按施工方案选用承力索、支架等设备及部件，2000kg、4000kg索道使用金属支架，严禁使用木质支架。

（2）驱动装置严禁设置在承载索下方，山坡下方的装、卸料处设置安全挡。

（3）索道装置应经过使用单位验收合格后，方可投入运输作业。

（4）在工作索与水平面的夹角为 15° 以上的下坡侧料场，设置限位装置相。

（5）运输索道正下方左右各 10m 的范围为危险区域，设置明显醒目的警告标志，并设专人监管，禁止人畜进入。投入运输前，经验收合格。

（6）提升工作索时，防止绳索缠绕且慢速牵引；架设时，严格控制弛度。

（7）一个张紧区段内的承载索，采用整根钢丝绳，规格满足要求；返空索直径不宜小于 12mm；牵引索采用较柔软、耐磨性好的钢丝绳，规格应满足要求。

（8）索道支架宜采用四支腿外拉线结构，支架拉线对地夹角不超过 45°。

支架基础位于边坡附近时，应校验边坡稳定性，必要时，在周围设置防护及排水设施。货物通过支架时，其边缘距离支架支腿不得小于 100mm。支架承载的安全系数不小于 3。

D.4　基础工程

1. 高度在 2~8m 或跨度 10m 及以上模板安装和支护

（1）作业人员上下基坑时，有可靠的扶梯，不得相互拉拽、攀登挡土板支撑上下，作业人员不得在基坑内休息。

（2）坑边 1m 内禁止堆放材料和杂物。坑内使用的材料、工具禁止上下抛掷。

（3）人力在安装模板构件，用抱杆吊装和绳索溜放，不得直接将其翻入坑内。

（4）模板的支撑牢固，并对称布置，高出坑口的加高立柱模板有防止倾覆的措施；模板采用木方加固时，绑扎后处理铁丝末端。

（5）作业人员在架子上进行搭设作业时，不得单人进行装设较重构配件和其他易发生失衡、脱手、碰撞、滑跌等不安全的作业。

（6）支撑架搭设区域地基回填土必须回填夯实。

（7）夜间施工时，施工照明充足，不得存在暗角。对于出入基坑处，设置长明警示灯。对所有灯具采取防雨、防水措施。

2. 高度 8m 及以上或跨度 18m 及以上的模板支护

（1）作业人员上下基坑时，有可靠的扶梯，不得相互拉拽、攀登挡土板支撑上下，作业人员不得在基坑内休息。

（2）高处作业脚穿防滑鞋、佩戴安全带并保持高挂低用。

（3）坑边 1m 内禁止堆放材料和杂物。坑内使用的材料、工具禁止上下抛掷。

（4）人力在安装模板构件，用抱杆吊装和绳索溜放，不得直接将其翻入坑内。

（5）模板的支撑牢固，并对称布置，高出坑口的加高立柱模板有防止倾覆的措施；模板采用木方加固时，绑扎后处理铁丝末端。

（6）作业人员在架子上进行搭设作业时，不得单人进行装设较重构配件和其他易发生失衡、脱手、碰撞、滑跌等不安全的作业。

（7）支撑架搭设区域地基回填土必须回填夯实。

（8）夜间施工时，施工照明充足，不得存在暗角。对于出入基坑处，设置长明警示灯。对所有灯具采取防雨、防水措施。

3. 搭设平台（跨度或高度大于 2m）

（1）浇筑混凝土平台跳板材质和搭设符合要求，跳板捆绑牢固，支撑牢固可靠，有上料通道。

（2）上料平台不得搭悬臂结构，中间设支撑点并结构可靠，平台设护栏。

（3）大坑口基础浇制时，搭设的浇制平台要牢固可靠，平台横梁加撑杆。平台模板应设维护栏杆。

（4）投料高度超过 2m 时，应使用溜槽或串筒下料，串筒宜垂直放置，串筒之间连接牢固，串筒连接较长时，挂钩应予加固，严禁攀登串筒进行清理。

（5）基坑口搭设卸料平台，平台平整牢固，用手推车运送混凝土时，倒料平台口设挡车措施；倒料时，严禁撒把。

（6）卸料时，前台下料人员协助卸料，基坑内不得有人；前台下料作业要坑上坑下协作进行，严禁将混凝土直接翻入基础内。

（7）中途休息时，作业人员不得在坑内休息。

（8）夜间施工时，施工照明充足，不得存在暗角。对于出入基坑处，设置长明警示灯。对所有灯具采取防雨、防水措施。

D.5　杆塔施工

1. 附着式外拉线抱杆分解组立

（1）杆塔地面组装场地应平整，障碍物应清除。

（2）仔细核对施工图纸的吊段参数，严格按照施工方案控制单吊重量，严禁超重起吊。

（3）基础分部工程已经转序验收并取得转序通知书。

（4）山地地面组装时，杆塔地面组装时，塔材不得顺斜坡堆放，选料应由上往下搬运，不得强行拽拉，山坡上的塔片垫物应稳固，且应有防止构件滑动的措施，组装管形构件时，构件间未连接前，应采取防止滚动的措施。

（5）塔材组装连铁时，应用尖头扳手找孔，如孔距相差较大，应对照图纸核对件号，不得强行敲击螺栓。构件连接对孔时，严禁将手指伸入螺孔找正。

（6）作业时，重点强调起吊作业时，组装应停止作业，严格做到起吊时吊物下方无作业人员，同时在受力钢丝绳的内角侧不得有人。

（7）塔脚板就位后，上齐匹配的垫板和螺帽，组立完成后，拧紧螺帽及打毛丝扣。

（8）铁塔塔腿段组装完毕后，应立即安装铁塔接地，接地电阻要符合设计要求。

2. 流动式起重机立塔（塔高 60 米以上）

采取 04080307 相应措施外，还应增加以下措施：① 编写专项施工方案；② 高塔作业应增设水平移动保护绳；③ 作业人员上下铁塔应沿脚钉或爬梯攀登，在间隔大的部位转移作业位置时，应增设临时扶手，不得沿单根构件上爬或下滑。

3. 临近带电体组立杆塔

（1）临近带电线路作业时，以综合计算后的作业人员或机械器具与带电线路的最小距离小于控制值时，该工序为二级风险。[控制值详见《国家电网有限公司电力建设安全工作规程　第 2 部分：线路》（Q/GDW 11957.2—2020）]。

（2）初勘后，编制《风险识别、评估清册（危大工程一览表）》时，应将本工程所有临近带电作业的塔（杆）位与带电体的距离填入《风险识别、评估清册（危大工程一览表）》，以此评估风险等级。

（3）按照 04080100 至 04080300 相应组立铁塔方式采用以上相应措施外，还应增加以下措施：

1）临近带电体附近组塔时，施工方案经过专家论证、审查并批准，施工技术负责人在场指导。

2）使用起重机组塔时，起重机应接地良好。车身应使用界面面积不小于 $16mm^2$ 的铜线可靠接地。起重机及吊件、牵引绳索和拉绳与带电体的最小安全距离应符合《国家电网有限公司电力建设安全工作规程　第 2 部分：线路》（Q/GDW 11957.2—2020）中表 5 的规定。

3）作业人员、施工、牵引绳索和拉线等必须满足与带电体安全距离规定的要求。如不能满足要求的安全距离时，应按照带电作业工作或停电进行。

D.6　架线施工

1. 一般跨越架搭设和拆除（全高 18m 及以上至 24m 以下）

（1）搭设跨越架，应事先与被跨越设施的产权单位取得联系，必要时，应请其派员监督检查。

（2）钢管架应有防雷接地措施，整个架体应从立杆根部引设两处（对角）防雷接地。

（3）跨越架的立杆应垂直、埋深不应小于 0.5m，跨越架的支杆埋深不得小于 0.3m，水田松土等搭跨越架应设置扫地杆。跨越架两端及每隔 6～7 根立杆应设剪刀撑杆、支杆或拉线，确保跨越架整体结构的稳定。跨越架强度应足够，能够承受牵张过程中断线的冲击力。

（4）跨越架搭设完应打临时拉线，拉线与地面夹角不得大于 60°。跨越架搭设必须经验收合格后方可使用，跨越架悬挂醒目的安全警告标志、夜间警示装置和验收标志牌；跨越公路的跨越架，在公路前方距跨越架适当距离设置提示标志。

（5）拆跨越架时，应自上而下逐根进行，架片、架杆应有人传递或绳索吊送，不得抛扔，严禁将跨越架整体推倒。

（6）当拆跨越架的撑杆时，需要在原撑杆的位置绑手溜绳，避免因撑杆撤掉后跨越架整片倒落。拆除跨越架时，应保留最下层的撑杆，待横杆都拆除后，利用支撑杆放倒立杆，做好现场安全监护。

（7）搭设跨越架，应事先与被跨越设施的产权单位取得联系，必要时，应请其派员监督检查。

（8）钢管架应有防雷接地措施，整个架体应从立杆根部引设两处（对角）防雷接地。

（9）跨越架的立杆应垂直、埋深不应小于 0.5m，跨越架的支杆埋深不得小于 0.3m，水田松土等搭跨越架应设置扫地杆。跨越架两端及每隔 6～7 根立杆应设剪刀撑杆、支杆或拉线，确保跨越架整体结构的稳定。跨越架强度应足够，能够承受牵张过程中断线的冲击力。

2. 跨越高速公路封网、拆网

（1）编制专项施工方案，施工单位还需组织专家进行论证、审查，严格按批准的施工方案执行。

（2）搭设跨越架，事先与被跨越设施的单位取得联系，必要时，请其派员监督检查，配合组织跨越施工。

（3）跨越架整体结构的稳定。跨越架强度应足够，能够承受牵张过程中断线或跑线时的冲击力。

（4）跨越架设置防倾覆措施。跨越架悬挂醒目的安全警告标志、夜间警示装置和验收标志牌；跨越公路的跨越架，在高速公路前方距跨越架适当距离设置提示标志。

（5）跨越档两端铁塔的附件安装必须进行二道防护，并采取有效接地措施。

（6）跨越架横担中心设置在新架线路每相（极）导线的中心垂直投影上。

（7）跨越架架顶要设置导线防磨措施。跨越架的中心应在线路中心线上，宽度考虑施工期间牵引绳或导地线风偏后超出新建线路两边线各 2.0m，且架顶两侧设外伸羊角。

（8）安装完毕后，经检查验收合格后，方准使用。

（9）附件安装完毕后，方可拆除跨越架。

3. 紧线、挂线作业

（1）平衡挂线时，安全绳或速差自控器必须拴在横担主材上。

（2）锚线工器具应相互独立且规格符合受力要求，铁塔横担应平衡受力，导线开断应逐根、逐相两侧平衡进行，高空锚线应有二道保护措施。二道保险绳应拴在铁塔横担处。

（3）待割的导线应在断线点两端事先用绳索绑牢，割断后，应通过滑车将导线松落至地面。

（4）高处断线时，作业人员不得站在放线滑车上操作。割断最后一根导线时，应注意防止滑车失稳晃动。

（5）割断后的导线应在当天挂接完毕，不得在高处临锚过夜。

（6）平衡挂线时，不得在同一相邻耐张段的同相（极）导线上进行其他作业，采用高空压接操作平台进行压接施工。压接机应有固定设施，操作时放置平稳，两侧扶线人员应对准位置，手指不得伸入压模内。

（7）压接前，应检查起吊液压机的绳索和起吊滑轮是否完好，位置设置是否合理，方便操作。切割导线时，线头应扎牢，并防止线头回弹伤人。

（8）高空作业人员应做好高处施工安全措施，并对压接工器具及材料应做好防坠落措施。

D.7 线路拆旧

（1）按施工方案要求组织现场施工作业，不得随意更改方案中规定的安全技术措施。

（2）拆除线路在登塔（杆）前，必须先核对线路名称，再进行验电、挂接地；与带电线路临近、平行、交叉时，使用个人保安线。

（3）拆除转角、直线耐张杆塔导地线时，按专项方案要求在拆除导线的反向侧打好拉线。必要时，对横担和塔身采取补强措施。

（4）拆除旧导、地线时，禁止带张力断线，注意旧线缺陷，必要时，采取加固措施。

（5）锚线用工器具按导地线张力配置，其安全系数不得小于 2.5。根据现场土质情况，选用地锚型式和数量。

（6）过轮临锚塔符合设计和施工操作的要求，锚线角不大于规定值，确保锚固合理、可靠。过轮临锚前，锚线杆塔按施工方案要求进行补强。

（7）拉线塔拆除时，应将原永久拉线更换为临时拉线，再进行拆除作业。

（8）旧线拆除时，采用控制绳控制线尾，防止线尾卡住。

附录 E 变电工程风险措施库

E.1 设备支架及一般起重吊装

（1）汽车起重机不准吊重行驶或不打支腿就吊重。在打支腿时，支腿伸出放平后，即关闭支腿开关，如地面松软不平，应修整地面，垫放枕木。起重机各项措施检查安全可靠后再进行起重作业。起吊物应绑牢，并有防止倾倒措施。吊钩悬挂点应与吊物的重心在同一垂直线上，吊钩钢丝绳应保持垂直，严禁偏拉斜吊。落钩时，应防止吊物局部着地引起吊绳偏斜，吊物未固定好，严禁松钩。

（2）吊索（千斤绳）的夹角一般不大于 90°，最大不得超过 120°，起重机吊臂的最大仰角不得超过制造厂铭牌规定。

（3）起吊绳（钢丝绳）及 U 形环必须作拉力承载试验，有试验报告。钢丝绳的辫接长度必须满足钢丝绳直径的 15 倍且最小长度不得小于 300mm。起吊大件或不规则组件时，应在吊件上拴以牢固的溜绳。

（4）起重工作区域内无关人员不得停留或通过。在伸臂及吊物的下方，严禁任何人员通过或逗留。

（5）起吊前，应检查起重设备及其安全装置；重物吊离地面约 100mm 时，应暂停起吊并进行全面检查，确认良好后，方可正式起吊。起重机吊运重物时，应走吊运通道，严禁从有人停留场所上空越过；对起吊的重物进行加工、清扫等工作时，应采取可靠的支承措施，并通知起重机操作人员，吊起的重物不得在空中长时间停留。

（6）起重机在工作中，如遇机械发生故障或有不正常现象时，放下重物、停止运转后，进行排除，严禁在运转中进行调整或检修。如起重机发生故障无法放下重物时，必须采取适当的保险措施，除排险人员外，严禁任何人进入危险区。

（7）不明重量、埋在地下或冻结在地面上的物件，不得起吊。

（8）严禁以运行的设备、管道，以及脚手架、平台等作为起吊重物的承力点。

E.2 构架、横梁拼装

（1）在改扩建工程进行本工序作业时，还应执行"03050102 土建间隔扩建施工"的相关预控措施。

（2）杆管在现场倒运时，应采用吊车装卸，装卸时，应用控制绳控制杆段方向，装车后，必须绑扎牢固，周围掩牢防止滚动、滑脱，严禁采用直接滚动方法卸车。

（3）采用人力滚动杆段时，应动作协调，滚动前方不得站人，杆段横向移动时，应随时将支垫处用木楔掩牢。

（4）利用撬杠拔杆段时，应防止滑脱伤人，不得利用铁撬杠插入柱孔中转动杆身。

（5）杆管排好后，支垫处应用木楔楔牢，防止因杆的滚动伤人。

（6）在用吊车进行排杆时，吊车必须支撑平稳，必须设专人指挥。

（7）电焊机应安放在干燥的地方，应有防雨防潮措施。其外壳接地或接零必须可靠牢固，不可多台串联接地或接零。

（8）每台电焊机电源必须有单独的控制装置，电焊机一次侧电源线长度不应大于 5m，二次线电缆长度不应大于 30m。一、二次线的截面应满足工作时的最大载流量，外皮不得破损，绝缘应良好。多台集中布置时，应进行编号，当其中一台进行检修时，在其电源控制装置上悬挂"有人工作，禁止合闸"的标志牌。电焊机应设专人进行维修和保养。使用前，操作人员应进行检查，确认无异常后，方可使用。

E.3 构架、横梁及避雷针吊装

（1）起吊前，吊车司机要对吊车的各种性能进行检查。

（2）吊车必须支撑平稳，必须设专人指挥，其他作业人员不得随意指挥吊车司机，吊臂及吊物下严禁站人或有人经过。

（3）起重作业中，如遇有六级及以上大风或雷暴、冰雹、大雪等恶劣天气时，停止起重和露天高处作业。

（4）高处作业所用的工具和材料放在工具袋内或用绳索拴在牢固的构件上，较大的工具系有保险绳，上、下传递物件使用绳索，不得抛掷。

（5）起吊物要绑牢，并有防止倾倒措施。吊钩悬挂点应与吊物的重心在同一垂直线上，吊钩钢丝绳应保持垂直，严禁偏拉斜吊。吊物离地面 100mm 时，停止起吊，检查吊车支撑、钢丝绳扣、吊物吊点是否正确，确认无误后，方可继续起吊，起吊要平稳。吊物在空中短时间停留时，操作和指挥人员禁止离开岗位。禁止起吊的重物在空中长时间停留。

（6）在改扩建工程进行本工序作业时，还应执行"03050102 土建间隔扩建施工"的相关预控措施。

（7）钢管构支架在现场堆放时，高度不得超过三层，堆放的地面应平整坚硬，杆段下面应多点支垫，两侧应掩牢。

（8）架构吊点位置必须经过计算现场指定。临时拉线绑扎应靠近 A 型杆头，吊点绳和临时拉线必须由专业起重工绑扎并用卡扣紧固。严禁以运行的设备、管道，以及脚手架、平台等作为起吊重物的承力点。

E.4 管母线预制

（1）作业人员的安全防护用品要佩戴齐全。

（2）电动机具的电源应具有漏电保护功能，对其进行定期检验。

（3）管母线现场堆放应保证包装完好，堆放层数不应超过三层，层间应设枕木隔离，保管区域应设隔离围挡，严禁人员踩踏管母线。

（4）在现场加工坡口时，作业人员必须穿好工作服和戴好防护镜及手套，确认电源及电动机具的完好性。

（5）坡口加工时，应避免飞屑伤人，严禁手、脚接触运行中机具的转动部分，不得用手直接清理铝屑。

（6）焊接地点应搭设宽敞明亮的焊接工棚，工棚上方要留有透气孔，棚内应配置足够数量的消防器材。

（7）焊接操作前，焊工应必须佩戴防护镜、胶皮手套、防护服、胶鞋和口罩，做好安全防护措施，防止灼伤。焊接过程中，应确保焊接工棚内透气良好，防止中毒窒息。高温天气为防止人员中暑，宜配置空调。

（8）焊接设备电源必须有漏电保护。焊接设备及管母线支撑模具应可靠接地。随时检查氩气瓶的压力，其值不得低于 0.25MPa。

E.5   支撑式安装

（1）焊安装作业前，规范设置警戒区域，悬挂警告牌，设专人监护，严禁非作业人员进入。

（2）支撑式管母线应采用吊车多点吊装，技术人员应根据管母的长度和重量，计算出吊绳的型号及吊点的位置。应采取措施防止吊点绑扎滑动，避免吊装时管母线倾覆伤人。

（3）吊装时，吊车必须支撑平稳，必须设专人指挥，其他作业人员不得随意指挥吊车司机，不得在吊件和吊车臂活动范围内的下方停留或通过。

（4）起吊时，应在管母线两端系上足够长的溜绳以控制方向，并缓慢起吊。

（5）调整支持绝缘子垂直度时，宜两人作业，作业人员应先系好安全带，再将其底座螺栓全部拧松，在垫垫片时，应用工具送垫。

（6）构架上作业人员不得攀爬支柱绝缘子串作业，应使用专用爬梯，并系好安全带。

（7）如果需要两台吊车吊装时，起吊指挥人员应双手分别指挥各台吊车以确保同步。

（8）严禁将绝缘子及管母线作为后续施工的吊装承重受力点。

E.6 悬吊式安装

（1）安装作业前，规范设置警戒区域，悬挂警告牌，设专人监护，严禁非作业人员进入。

（2）管母线吊装过程中，设专人指挥，统一指挥信号，多点应同时起吊，同时就位悬挂，无刹车装置的绞磨或卷扬机的升降必须使用离合器控制，禁止使用电源开关控制。操作绞磨或卷扬机的作业人员，必须服从指挥，制动时，动作要快，防止绝缘子与横梁相碰。

（3）地面的各部转向滑轮设专人监护，严禁任何人在钢丝绳内侧停留或通过。

（4）起吊时，操作人员应精神集中，控制好起吊速度。

（5）在横梁上的作业人员，必须系好安全带和水平安全绳，地面应设专人监护。

（6）使用吊车吊装时，吊车必须支撑平稳，必须设专人指挥，其他作业人员不得随意指挥吊车司机，不得在吊件和吊车臂活动范围内的下方停留或通过。

（7）严禁将绝缘子及管母线作为后续施工的吊装承重受力点。

（8）在改扩建工程进行本工序作业时，还应执行"03050103 一次电气设备安装"的相关预控措施。

E.7 软母线制作

（1）母线档距测量，应选择无风或微风的天气进行。

（2）测量人员在横梁上测量时，除系好安全带外，还应系水平安全绳，拉尺人员用力不要过猛。

（3）档距测量宜采用全站仪。扩建工程禁止采用金属尺子进行档距测量。

（4）导线盘卸车必须使用满足起重要求的起重机，起吊点应正确，严禁斜吊和多盘同时起吊，应采取防止线盘滚动的措施。

（5）放线应统一指挥，线盘应架设平稳，导线应从盘的下方引出，放线人员不得站在线盘的前面，当放到最后几圈时，应采取措施防止导线突然蹦出伤人。

（6）截取导线时，严禁使用无齿锯切割，应使用手锯或切割器，防止导线产生倒钩伤手。

（7）剥铝股及穿耐张线夹时，宜两人作业，应用手锯进行切割。使用手锯作业时，作业人员应精神集中，避免伤手。

（8）压接前，仔细检查压接机及软管是否完好，或外加保护胶管，防止液压油喷出伤人。压接机及软管若渗漏，应及时更换。

E.8　软母线架设

（1）操架线前，所使用的受力工器具应再次检查，电动工器具应接地可靠；同时，还应检查金具连接是否良好。

（2）架线前，应先将滑轮分别悬挂在横梁的主材及固定在构架根部，横梁的主材及构架根部与钢丝绳接触部分应有防护措施。电动卷扬机的地锚应牢固可靠，能满足挂线时的牵引力要求。

（3）滑轮的直径不应小于钢丝绳直径的 16 倍，滑轮应无裂纹、破损等情况。

（4）悬挂横梁上滑轮时，高处作业人员应系好安全带，衣袖裤脚应扎紧，并应穿布鞋或胶底鞋。遇有六级以上大风、雷雨、浓雾等恶劣天气，应停止高处作业。

（5）采用电动卷扬机牵引，应控制好其速度和张力，在接近挂线点时，必须停止牵引，应注意不要过牵引。

（6）严禁使用卷扬机直接挂线连接，避免横梁因过牵引而变形。

（7）使用绞磨时，钢丝绳在磨芯上缠绕圈数不得少于 5 圈，拉磨尾绳人员不得少于 2 人，并且距绞磨距离不得小于 2.5m。

（8）两台绞磨同时作业时，应统一指挥，绞磨操作人员应精神集中。

参考文献

［1］习近平. 高举中国特色社会主义伟大旗帜 为全面建设社会主义现代化国家而团结奋斗：在中国共产党第二十次全国代表大会上的报告［J］. 中华人民共和国国务院公报，2022（30）：4-27.

［2］张献方. 推动能源转型 赋能绿色发展［N］. 国家电网报，2024-01-09（001）.

［3］高骞，杨俊义，洪宇，等. 新型电力系统背景下电网发展业务数字化转型架构及路径研究［J］. 发电技术，2022，43（06）：851-859.

［4］曾鸣，杨雍琦，刘敦楠，等. 能源互联网"源—网—荷—储"协调优化运营模式及关键技术［J］. 电网技术，2016，40（01）：114-124.

［5］谢小荣，贺静波，毛航银，等."双高"电力系统稳定性的新问题及分类探讨［J］. 中国电机工程学报，2021，41（02）：461-475.

［6］肖先勇，郑子萱."双碳"目标下新能源为主体的新型电力系统：贡献、关键技术与挑战［J］. 工程科学与技术，2022，54（01）：47-59.

［7］李曦. 国家发改委等九部门：印发《"十四五"可再生能源发展规划》［J］. 中国设备工程，2022（13）：1.

［8］罗玮. 推动"六精四化"提档升级 助力新型电力系统建设［J］. 华北电业，2023（05）：15.

［9］鄂天龙，任乐生，秦凯，等. 输变电工程项目精益化高质量建设模式的探索与实践——以兰临750千伏变电站"六精四化"管理体系为例［J］. 发展，2023（07）：41-44.

［10］韩肖清，李廷钧，张东霞，等. 双碳目标下的新型电力系统规划新问题及关键技术［J］. 高电压技术，2021，47（09）：3036-3046.

［11］刘芳芳. 紧扣"一体四翼" 赋能价值创造——访国家电网有限公司副总会计师兼国网财务部主任冯来法［J］. 国家电网，2021（12）：34-37.

[12] 胡鞍钢. 中国式经济现代化的重大进展（2012—2021）[J]. 南京工业大学学报（社会科学版），2022，21（06）：1－25＋109.

[13] 张云. 特高压的春天 [J]. 国家电网，2014（08）：32－35.

[14] 习近平. 决胜全面建成小康社会 夺取新时代中国特色社会主义伟大胜利——在中国共产党第十九次全国代表大会上的报告 [J]. 党建，2017（11）：15－34.

[15] 李天明，秦小珊. 充分发挥国有企业党组织领导作用的路径研究——以黑龙江省国有企业党组织为视域 [J]. 湖南行政学院学报，2019（05）：78－85.

[16] 李晓宁，张一鸣. 基于 PDCA 循环的全流程审计质量控制体系构建研究 [J]. 西安财经大学学报，2023，36（06）：80－93.

[17] 2017 年中国电力发展情况综述 [J]. 电器工业，2018（07）：11－19＋23.

[18] 张智刚，康重庆. 碳中和目标下构建新型电力系统的挑战与展望[J]. 中国电机工程学报，2022，42（08）：2806－2819.

[19] 余潇潇，宋福龙，周原冰，等. "新基建"对中国"十四五"电力需求和电网规划的影响分析 [J]. 中国电力，2021，54（07）：11－17.

[20] 冯来法，杨付忠，曹海东，等. 国家电网"开放协同、智慧共享"数智化财务管理新模式的探索与实践 [J]. 财务与会计，2021（23）：12－16.

[21] 康重庆，杜尔顺，李姚旺，等. 新型电力系统的"碳视角"：科学问题与研究框架[J]. 电网技术，2022，46（03）：821－833.

[22] 周远翔，陈健宁，张灵，等. "双碳"与"新基建"背景下特高压输电技术的发展机遇 [J]. 高电压技术，2021，47（07）：2396－2408.

[23] 陈灵欣. 国家电网——建设现代智慧供应链 推动行业高质量发展[J]. 招标采购管理，2020（09）：17－19.

[24] 张元新，赵宇思. 以推动新型电力系统建设的供应链"智采"管理[J]. 企业管理，2022（S1）：130－131.

[25] 龚国军，张涌，宋俊岭，等. 精筑长泰 "争金创鲁"[J]. 中国电力企业管理，2023（12）：20－26.

[26] 刘玉廷. 全面提升企业经营管理水平的重要举措——《企业内部控制配套指引》解读

[J]. 会计研究，2010（05）：3－16.

[27] 刘传正，刘艳辉，连建发，等. 三峡库区巴东复杂斜坡区工程地质环境质量研究[J]. 水文地质工程地质，2006（05）：1－8.

[28] 饶宏，周月宾，李巍巍，等. 柔性直流输电技术的工程应用和发展展望［J］. 电力系统自动化，2023，47（01）：1－11.

[29] 邬彩霞. 中国低碳经济发展的协同效应研究［J］. 管理世界，2021，37（08）：105－117.

[30] 张啸宇. 电力工程管理模式及其创新与应用策略研究［J］. 企业改革与管理，2019（10）：34＋47.

[31] 周孝信，鲁宗相，刘应梅，等. 中国未来电网的发展模式和关键技术［J］. 中国电机工程学报，2014，34（29）：4999－5008.

[32] 马艺峰. 把好电力工程项目管理关［J］. 中国电力企业管理，2012（06）：80－81.

[33] Narwal K，Shweta.Performance Appraisal with EVA，MVA and Other Performance Measures［J］. Journal of Management Research，2015，15（4）：223－230.

[34] 岳阳. 电气工程施工质量问题防治研究［J］. 建材与装饰，2017（32）：19－20.

[35] 刘鹏. 提高电力工程项目管理水平初探［J］. 财经界，2010（10）：101.

[36] 杨凯，李彦君. 10千伏配网工程管理提升建议［J］. 中国电力企业管理，2023（33）：53.

[37] 孔娟. 电力工程项目设计阶段的造价控制管理研究［D］. 北京：华北电力大学，2009.

[38] 刘薇.PPP模式理论阐释及其现实验证［J］. 改革，2015（01）：78－89.

[39] 庄宙. 浅谈工程项目管理中的合同管理问题［D］. 济南：山东大学，2008.

[40] Jiao Y，Cao P.Research on Optimization of Project Design Management Process Based on BIM［J］. Buildings，2023，13（9）.

[41] 于波. 我国电网建设业主项目管理研究［D］. 大连：大连理工大学，2002.

[42] Du G.Research on Problems and Strategies of Optimisation in Construction Project Management［J］. International Journal of Frontiers in Engineering Technology，2023，5（10）.

[43] 邹蕾. 工程项目管理模式研究［D］. 成都：西南交通大学，2006.

[44] 毕星. 基于项目管理理论的工程项目成本管理系统研究［D］. 天津：天津大学，2007.

［45］ 牛博生. BIM 技术在工程项目进度管理中的应用研究［D］. 重庆：重庆大学，2012.

［46］ 孙红. 投资项目可行性研究理论综述[J］. 华北电力大学学报（社会科学版），2008（06）：42－46.

［47］ 李涛. 工程项目代建管理中协作型一体化项目管理团队模式实践研究［J］. 建设监理，2022（05）.

［48］ 石玉峰. 电力施工项目成本管理与控制模型研究［D］. 北京：华北电力大学，2013.

［49］ 严文豪. 项目管理在电力工程中的应用研究［D］. 上海：上海交通大学，2014.

［50］ 关宇君，宗伽怿. 关于电力工程项目管理中的模式创新及应用研究［J］. 中外企业家，2017（04）：84－86.

［51］ 吴小刚，黄有亮. EPC 与传统 DBB 模式下的设计管理比较研究［J］. 建筑设计管理，2007（05）：36－38.

［52］ 李相男. EPC 模式下 A 公司工程项目质量管理研究［D］. 杭州：浙江工商大学，2021.

［53］ 石林林，丰景春. DB 模式与 EPC 模式的对比研究［J］. 工程管理学报，2014，28（06）：81－85.

［54］ 孙剑，孙文建. 工程建设 PM、CM 和 PMC 三种模式的比较[J］. 基建优化，2005（01）：10－13.

［55］ 王学科. 项目管理的 PMC 模式及其应用分析［D］. 天津：天津大学，2007.

［56］ 毕星. 基于项目管理理论的工程项目成本管理系统研究［D］. 天津：天津大学，2007.

［57］ Toward effective project management［J］. Development and Learning in Organizations：An International Journal，2024，38（1）：43－45.

［58］ Andrew E，Clinton A，Shaharudin M S，et al.Moderating effect of Nigerian government policy support on the relationship between project management framework and emerging construction contractors' sustainability［J］. International Journal of Building Pathology and Adaptation，2023，41（6）：269－289.

［59］ 邵永军. 工程项目管理效果的综合评价研究［D］. 西安：西安科技大学，2003.

［60］ 赵长歌. 大型工程项目组织结构研究［D］. 西安：西安建筑科技大学，2006.

[61] 邬明，赵世强. 促进建设工程项目风险管理的标准化 [C]. 北京：北京建筑工程学院，2012：4.

[62] 宋丹. 建筑工程质量管理与控制研究 [D]. 重庆：西南大学，2010.

[63] 陈勇强，吕文学，张水波. 工程项目集成管理系统的开发研究[J]. 土木工程学报，2005（05）：111–115.

[64] Song Y.On the Safety Management of Electric Power Construction [J]. International Journal of Management Science Research，2023，6（2）.

[65] 孙向东，丁晖，杜增，等. 基于德尔菲法对电力工程建设项目分包管理问题探究[J]. 江西电力职业技术学院学报，2020，33（11）：14–16.

[66] 候德政. 电力工程建设项目管理问题解析及对策[J]. 通讯世界，2017（10）：157–158.

[67] 马坚. 电力工程建设中的项目管理问题及改进 [J]. 低碳世界，2016（10）：92–93.

[68] Udeni K，Vijitha R，Siroshana S T J.Technological innovation management through root cause prioritization [J]. Research Journal of Textile and Apparel，2024，28（1）：28–47.

[69] Hoehne O.Lessons Learned and Recommendations for the Application of Systems Engineering as an Emerging Discipline in Transportation Infrastructure Projects [J]. INCOSE International Symposium，2023，33（1）：48–70.

[70] 金德民. 工程项目全寿命期风险管理系统理论及集成研究[D]. 天津：天津大学，2004.

[71] 翟广星. 建设工程项目管理模式的对比分析与研究 [D]. 郑州：郑州大学，2004.

[72] Song Y.On the Safety Management of Electric Power Construction [J]. International Journal of Management Science Research，2023，6（2）.

[73] Aleksandrovich A M，Vladislavovich R Y.Risk management in the process of technological equipment supply during the construction of power engineering facilities [J]. Vestnik MGSU，2015（6）：124–130.

[74] Ping T Y，Feng J O，Juan W，et al.Systematic Thinking and Evaluation of Construction Quality Management Standardization of Power Engineering in China [J]. Advances in Civil Engineering，2022，（4）：56–62.

[75] 彭伟东. 工程项目协同管理网络组织探讨 [J]. 中国水运（下半月），2008（01）：116–117.

［76］ 张晓峰. 建筑工程管理模式现状及创新发展分析［C］. 徐州：徐州工程学院基建处，
2022：2.

［77］ 高磊. 电网建设项目多主体协同决策模型及应用研究［D］. 北京：华北电力大学，2020.

［78］ 李阿勇. 电网工程建设项目现场物流管理关键问题研究［D］. 北京：北京科技大学，
2016.

［79］ C.G M，J.R G，R.L F，et al.Emergent Subcontracting Models in the US Construction
Industry［J］. Journal of Legal Affairs and Dispute Resolution in Engineering and
Construction，2022，14（4）.

［80］ 王江容，赵保江. 建设项目的标准化管控［M］. 南京：东南大学出版社，2018.

［81］ 黄小峰. 供电所智能化构建模式探索［J］. 数字技术与应用，2023，41（10）：193－195.

［82］ 郑楚玥. 基于全生命周期理论的输变电设备资产管理探讨［J］. 通信电源技术，2018，
35（10）：249－250.

［83］ Tong X.Research on key technologies of large－scale wind－solar hybrid grid energy
storage capacity big data configuration optimization［J］. Wind Engineering，2024，48（1）：
32－43.

［84］ Antoni M，Ben D，Greg L，et al.Comparative usability of an augmented reality sandtable
and 3D GIS for education［J］. International Journal of Geographical Information Science，
2020，34（2）：229－250.

［85］ Qin Z.Construction Management Mode of Power Line Engineering in the Era of Big Data
［J］. Journal of Electrotechnology，Electrical Engineering and Management，2023，6（2）.

［86］ 刘元亮，李兆杨，谢中凯，等. 基于 NoSQL 数据库的地图瓦片数据存储与管理研究
［J］. 信息技术与信息化，2023（11）：8－11.

［87］ 温博，王伟任，谢瀚莹，等. 基于无人机全息三维实景物联大数据的施工安全管理新
技术［J］. 智能建筑与智慧城市，2024（01）：69－71.

［88］ 李江涛，蒲天娇，等. 数字孪生技术让电网更智慧［J］. 大众用电，2023，38（02）：31.

［89］ 顾春欢. 三维数字模型在信息化智能管控平台中的综合应用［J］. 建筑施工，2023，45
（05）：1001－1003.

［90］郭磊，肖明. 电网三维设计系统在输电线路勘测设计中的应用［J］. 江西电力，2020，44（04）：24-32.

［91］范迪才. 电网建设工程可视化信息管理系统应用研究［D］. 北京：华北电力大学，2011.

［92］李敏. 基于 GIM 模型的智能变电站二次回路三维可视化系统设计分析［J］. 工程技术研究，2023，8（17）：7-9.

［93］Herle Stefan，Becker Ralf，Wollenberg Raymond，et al.GIM and BIM How to Obtain Interoperability Between Geospatial and Building Information Modelling？［J］. Pfg-journal Of Photogrammetry Remote Sensing And Geoinformation Science，2020，88（01）：33-42.

［94］张栋，李志斌，胡博，等. 数字化技术辅助输电线路机械化施工方案设计研究［J］. 电力勘测设计，2023（08）：90-95.

［95］李海斌. 浅谈奥维互动地图在水利工程施工中的应用［J］. 科技与创新，2024（01）：168-170+173.

［96］张福康，郑润豪，夏志敏. 特高压直流输电线路山区组塔施工监理管控措施［J］. 建设监理，2023（10）：25-28+37.

［97］唐麒. 新形势下电力工程输电线路设计及施工技术［J］. 自动化应用，2023，64（S2）：133-135.

［98］龚敏. 输电线路施工安全管理的风险及解决措施［J］. 低碳世界，2018（02）：133-134.

［99］Huiru Z，Sen G. Risk Evaluation on UHV Power Transmission Construction Project Based on AHP and FCE Method［J］. Mathematical Problems in Engineering，2014，2014687568.1-687568.14.

［100］曾耀强，刘华，罗劲. 输电线路工程施工过程可视化管理应用及展望［J］. 数字技术与应用，2021，39（01）：89-93.

［101］袁兆祥，韩文军. 海拉瓦技术及其在电网建设全过程的深化应用［J］. 能源技术经济，2010，22（12）：42-48.

［102］李翀，刘林青，陶鹏，等. 基于多源数据融合技术的输电线路故障定位方法［J］. 水电能源科学，2021，39（01）：168-170+210.

［103］ Zheng Y，Wang X，Xu Z，et al.Research on Issues Related to Digital Twin Modeling ［J］．International Journal of Frontiers in Engineering Technology，2023，5（7）．

［104］ 符国晖,李福权,弓国军,等.数字孪生技术在高压输电线路工程中的应用研究[J].科技视界，2023（16）：119－121.

［105］ 高毅，袁敬中，马志伟，等．基于海拉瓦技术的输电线路施工管理数字沙盘系统的开发与应用［J］．电网技术，2007（21）：61－66.

［106］ 张师玮，张彦蕊．基于信息融合技术的设备故障数据诊断决策系统［J］．信息记录材料，2023，24（11）：60－62.

［107］ Erkan K，F.S P，Paul G，et al.Ontologies in digital twins：A systematic literature review ［J］．Future Generation Computer Systems，2024，153442－456.

［108］ 吕楠，王琪冰，陆佳炜，等．基于数字孪生的新型计算机集成信息系统研究与探索［J］．现代电子技术，2023，46（18）：77－84.

［109］ 陶飞，刘蔚然，张萌，等．数字孪生五维模型及十大领域应用［J］．计算机集成制造系统，2019，25（01）：1－18.

［110］ 张栋，李志斌，胡博，等．数字化技术辅助输电线路机械化施工方案设计研究［J］．电力勘测设计，2023（08）：90－95.

［111］ 梁杰，吴志镛，符景洲，等．数据库管理系统模糊测试技术研究综述［J/OL］．软件学报，2025，36（01）：399－423.

［112］ 张磊，李延，谷思庭，等．新型电力系统配电自动化安全可信防护模型及评价体系［J/OL］．微电子学与计算机，2023（12）：70－80［2024－01－18］.

［113］ 冯登国，张敏，张妍，等．云计算安全研究［J］．软件学报，2011，22（01）：71－83.

［114］ 郭斌，王涵毅．分析型数据库动态数据脱敏技术应用[J].信息化研究,2023,49（05）：70－76.

［115］ 王于丁，杨家海，徐聪，等．云计算访问控制技术研究综述［J］．软件学报，2015，26（05）：1129－1150.

［116］ 汤奕,陈倩,李梦雅,等.电力信息物理融合系统环境中的网络攻击研究综述[J].电力系统自动化，2016，40（17）：59－69.

[117] 谈奕. 大数据技术背景下专业升级与人才培养质量提高的路径研究——以大数据与会计专业为例 [J]. 互联网周刊，2023（10）：73-75.

[118] 张健伟. 浅谈激励机制在人力资源管理中的作用 [J]. 上海企业，2023（11）：66-68.

[119] 李燕萍，齐伶圆. "互联网＋"时代的员工招聘管理：途径、影响和趋势 [J]. 中国人力资源开发，2016（18）：6-13+19.

[120] 姜晓萍. 国家治理现代化进程中的社会治理体制创新 [J]. 中国行政管理，2014（02）：24-28.

[121] 李基隆，胡道玖，何春晖，等. 三维数字化技术在输电线路工程机械化施工中的应用研究 [J]. 山东电力高等专科学校学报，2022，25（02）：8-10.

[122] 周安，马平，董达鹏，等. 数字化电网技术在电网规划设计中的应用 [J]. 能源研究与管理，2021（02）：83-87+92.

[123] 王元卓，靳小龙，程学旗. 网络大数据：现状与展望 [J]. 计算机学报，2013，36（06）：1125-1138.

[124] 李建中，刘显敏. 大数据的一个重要方面：数据可用性 [J]. 计算机研究与发展，2013，50（06）：1147-1162.

[125] 方巍，郑玉，徐江. 大数据：概念、技术及应用研究综述 [J]. 南京信息工程大学学报（自然科学版），2014，6（05）：405-419.

[126] 闫龙川，白东霞，刘万涛，等. 人工智能技术在云计算数据中心能量管理中的应用与展望 [J]. 中国电机工程学报，2019，39（01）：31-42+318.

[127] 李雨霏. 数据分析技术工具发展现状及趋势 [J]. 信息通信技术与政策，2020（04）：23-30.